一 面 墙 的 魅 力

主题背景墙设计

STYLE DESIGN OF CHARMING WALL

理想·宅 编

化学工业出版社

·北京·

参与本套丛书编写的人有：（排名不分先后）

叶 萍	黄 肖	邓毅丰	张 娟	邓丽娜	杨 柳	张 蕾	刘团团	卫白鸽
郭 宇	王广洋	王力宇	梁 越	李小丽	王 军	李子奇	于兆山	蔡志宏
刘彦萍	张志贵	刘 杰	李四磊	孙银青	肖冠军	安 平	马禾午	谢永亮
李 广	李 峰	余素云	周 彦	赵莉娟	潘振伟	王效孟	赵芳节	王 庶

图书在版编目（CIP）数据

一面墙的魅力. 主题背景墙设计 / 理想•宅编. -
北京：化学工业出版社，2015.2
　ISBN 978-7-122-22817-8

　Ⅰ. ①一… Ⅱ. ①理… Ⅲ. ①住宅-装饰墙-室内装
饰设计-图集 Ⅳ. ①TU241-64

　中国版本图书馆CIP数据核字（2015）第010143号

责任编辑：王斌　邹宁　　　　　　　　装帧设计：骁毅文化

出版发行：化学工业出版社（北京市东城区青年湖南街13号　邮政编码100011）
印　　装：北京瑞禾彩色印刷有限公司
787mm×1092mm　1/16　印张9½　字数250千字　2015年1月北京第1版第1次印刷

购书咨询：010-64518888（传真：010-64519686）　　售后服务：010-64518899
网　　址：http://www.cip.com.cn
凡购买本书，如有缺损质量问题，本社销售中心负责调换。

前言

　　每个家居空间的设计，都需要有一个侧重点，主次搭配才能够创造出协调、舒适的视觉效果，若面面俱到未免会让人觉得拥挤、烦闷，恰当的留白是设计的一大原则。在建筑的几大界面，包括地面、墙面、顶面中，多数家庭会将墙面作为装饰设计的重点。这样的方式不仅适用于经济型的装修，对于豪华型风格也同样适用。

　　墙面的设计有几大构成元素：色彩、造型以及材质。这三个元素中，色彩是给人留下第一印象的要素，而造型以及材质的选择起着引领性的作用，同时也决定着居室的风格。相对应的，不同的装饰风格有着不同的代表造型及材质，掌握了代表性的元素便可以轻松地塑造出理想中的家居主题墙。

　　本套图书由理想·宅 Ideal Home 倾力打造，共分为《风格背景墙设计》和《主题背景墙设计》两册。其中《风格背景墙设计》囊括了家居中最为受欢迎的 6 大风格，分别为现代风格、简约风格、中式风格、欧式风格、田园风格和地中海风格；《主题背景墙设计》则向读者展现了照片墙、手绘墙、壁炉墙、饰品墙、植物墙和收纳墙这 6 种不同主题墙面的塑造方式。两册书收录的设计案例均出自资深室内设计师之手，设计新颖、风格多样，更符合现代人的生活要求和审美情趣。书中以图文结合的方式将每张图片中的主题墙面进行工艺说明，并标注出重点装饰材料，同时配以轻松、活泼的版面，向读者呈现出一部墙面装修图典。

目录

照片墙

家居中的照片墙承载着展现家庭重要记忆的使命，而得到了很多人的青睐。照片墙有很多种叫法，比如相框墙、相片墙，或者背景墙之类。照片墙不仅形式各样，同时还可以演变为手绘照片墙，为家居带来更多的视觉变化。此外，照片墙的材质也各有不同，有实木、塑料、PS 发泡、金属、人造板、有机玻璃等。目前的流行照片墙的材料主要有实木、PS 发泡这两种材料。

主要材料及工艺

①乳胶漆

将客厅墙面修整平整，并用石膏腻子将墙面找平，待其干燥后用砂纸打磨平整，然后用橡胶刮板再次刮腻子，接着涂 1~3 遍乳胶漆，之后按设计图固定照片框。

主要材料及工艺

①乳胶漆

将沙发背景墙修整平整，并用石膏腻子将墙面找平，待其干燥后用砂纸打磨平整，然后用橡胶刮板再次刮腻子，接着涂1~3遍黄色乳胶漆，之后按设计图固定照片框。

主要材料及工艺

①乳胶漆

将沙发背景墙修整平整，并用石膏腻子将墙面找平，待其干燥后用砂纸打磨平整，然后用橡胶刮板再次刮腻子，接着涂1~3遍黄色乳胶漆，之后按设计图固定照片框。

主要材料及工艺

①乳胶漆；②护墙板

沙发背景墙上半部分涂刷乳胶漆，下半部分固定护墙板，之后按设计图固定镜框及照片框。

主要材料及工艺

①乳胶漆

将沙发背景墙修整平整，并用石膏腻子将墙面找平，待其干燥后用砂纸打磨平整，然后用橡胶刮板再次刮腻子，接着涂1~3遍乳胶漆，之后按设计图固定照片框。

主要材料及工艺

①乳胶漆

将沙发背景墙修整平整，并用石膏腻子将墙面找平，待其干燥后用砂纸打磨平整，然后用橡胶刮板再次刮腻子，接着涂1~3遍绿色乳胶漆，之后按设计图固定照片框。

主要材料及工艺

①饰面板

沙发背景墙用木龙骨做框架，大芯板做底材，表面贴装饰饰面板，之后按设计图固定照片框。

主要材料及工艺

①乳胶漆

将沙发背景墙修整平整，并用石膏腻子将墙面找平，待其干燥后用砂纸打磨平整，然后用橡胶刮板再次刮腻子，接着涂1~3遍黄色乳胶漆，之后按设计图固定照片框。

主要材料及工艺

①乳胶漆

将沙发背景墙修整平整，并用石膏腻子将墙面找平，待其干燥后用砂纸打磨平整，然后用橡胶刮板再次刮腻子，接着涂1~3遍绿色乳胶漆，之后按设计图固定照片框。

主要材料及工艺

①壁纸

沙发背景墙用水泥砂浆找平，在墙面上满刮三遍腻子，用砂纸打磨光滑，刷一层基膜，用环保白乳胶配合专业壁纸粉将壁纸粘贴在墙面上，之后按设计图固定照片框。

主要材料及工艺

①乳胶漆

将沙发背景墙修整平整，并用石膏腻子将墙面找平，待其干燥后用砂纸打磨平整，然后用橡胶刮板再次刮腻子，接着涂1~3遍乳胶漆，之后按设计图固定照片框。

主要材料及工艺

①乳胶漆

将客厅墙面修整平整，并用石膏腻子将墙面找平，待其干燥后用砂纸打磨平整，然后用橡胶刮板再次刮腻子，接着涂1~3遍乳胶漆，之后按设计图固定照片框。

主要材料及工艺

①乳胶漆

将餐厅墙面修整平整，并用石膏腻子将墙面找平，待其干燥后用砂纸打磨平整，然后用橡胶刮板再次刮腻子，接着涂1~3遍乳胶漆，之后按设计图固定照片框。

主要材料及工艺

①乳胶漆

将客厅墙面修整平整，并用石膏腻子将墙面找平，待其干燥后用砂纸打磨平整，然后用橡胶刮板再次刮腻子，接着涂1~3遍米色乳胶漆，之后按设计图固定照片框。

主要材料及工艺

①成品密度板造型

沙发背景墙用轻钢龙骨做框架，大芯板做底材，表面贴成品密度板造型，并刷面漆，之后按设计图固定照片框。

主要材料及工艺

①乳胶漆

将沙发背景墙修整平整，并用石膏腻子将墙面找平，待其干燥后用砂纸打磨平整，然后用橡胶刮板再次刮腻子，接着涂1~3遍乳胶漆，之后按设计图固定照片框。

主要材料及工艺

①成品密度板造型

沙发背景墙用轻钢龙骨做框架，大芯板做底材，表面贴成品密度板造型，之后按设计图固定照片框。

主要材料及工艺

①乳胶漆

将沙发背景墙修整平整,并用石膏腻子将墙面找平,待其干燥后用砂纸打磨平整,然后用橡胶刮板再次刮腻子,接着涂1~3遍乳胶漆,之后按设计图固定照片框。

主要材料及工艺

①壁纸

沙发背景墙用水泥砂浆找平,在墙面上满刮三遍腻子,用砂纸打磨光滑,刷一层基膜,用环保白乳胶配合专业壁纸粉将壁纸粘贴在墙面上,之后按设计图固定照片框。

主要材料及工艺

①乳胶漆

将沙发背景墙修整平整,并用石膏腻子将墙面找平,待其干燥后用砂纸打磨平整,然后用橡胶刮板再次刮腻子,接着涂1~3遍乳胶漆,之后安装成品装饰画。

主要材料及工艺

①成品密度板造型

沙发背景墙用轻钢龙骨做框架，大芯板做底材，表面贴成品密度板造型，并刷面漆，之后按设计图固定照片框。

主要材料及工艺

①壁纸

沙发背景墙用水泥砂浆找平，在墙面上满刮三遍腻子，用砂纸打磨光滑，刷一层基膜，用环保白乳胶配合专业壁纸粉将壁纸粘贴在墙面上，之后按设计图固定照片框。

主要材料及工艺

①成品实木板造型

沙发背景墙用轻钢龙骨做框架，大芯板做底材，表面贴成品实木板造型，之后按设计图固定照片框。

主要材料及工艺

①石材

按照设计图在墙面上确定贴石材的位置，用点挂的方式将订制好的大理石固定在墙面上，粘贴完毕用专业的勾缝剂填缝，之后按设计图固定照片。

主要材料及工艺

①红砖

客厅墙面用水泥砂浆把红砖粘贴在原墙面上，并用角磨机将红砖边角打磨平滑，之后按设计图固定照片框。

主要材料及工艺

①壁纸

沙发背景墙用水泥砂浆找平，在墙面上满刮三遍腻子，用砂纸打磨光滑，刷一层基膜，用环保白乳胶配合专业壁纸粉将壁纸粘贴在墙面上，之后按设计图固定照片框。

主要材料及工艺

①乳胶漆

将沙发背景墙修整平整，并用石膏腻子将墙面找平，待其干燥后用砂纸打磨平整，然后用橡胶刮板再次刮腻子，接着涂 1~3 遍乳胶漆，之后按设计图固定照片框。

主要材料及工艺

①成品实木板造型

客厅墙面用轻钢龙骨做框架，大芯板做底材，表面贴成品实木板造型，之后按设计图固定照片框。

主要材料及工艺

①成品实木板造型

客厅墙面用轻钢龙骨做框架，大芯板做底材，表面贴成品密度板造型，并刷面漆，之后按设计图固定照片框。

主要材料及工艺

①壁纸

沙发背景墙用水泥砂浆找平，在墙面上满刮三遍腻子，用砂纸打磨光滑，刷一层基膜，用环保白乳胶配合专业壁纸粉将壁纸粘贴在墙面上，之后安装成品装饰画。

主要材料及工艺

①乳胶漆

将沙发背景墙修整平整，并用石膏腻子将墙面找平，待其干燥后用砂纸打磨平整，然后用橡胶刮板再次刮腻子，接着涂1~3遍乳胶漆，之后按设计图固定照片框。

主要材料及工艺

①壁纸

沙发背景墙用水泥砂浆找平，在墙面上满刮三遍腻子，用砂纸打磨光滑，刷一层基膜，用环保白乳胶配合专业壁纸粉将壁纸粘贴在墙面上，之后安装成品装饰画。

主要材料及工艺

①乳胶漆

将沙发背景墙修整平整，并用石膏腻子将墙面找平，待其干燥后用砂纸打磨平整，然后用橡胶刮板再次刮腻子，接着涂1~3遍乳胶漆，之后按设计图固定照片框。

主要材料及工艺

①乳胶漆

将客厅墙面修整平整，并用石膏腻子将墙面找平，待其干燥后用砂纸打磨平整，然后用橡胶刮板再次刮腻子，接着涂1~3遍乳胶漆，之后按设计图固定照片框。

主要材料及工艺

①乳胶漆

将沙发背景墙修整平整，并用石膏腻子将墙面找平，待其干燥后用砂纸打磨平整，然后用橡胶刮板再次刮腻子，接着涂1~3遍米色乳胶漆，之后按设计图固定照片框。

主要材料及工艺

①乳胶漆

将沙发背景墙修整平整，并用石膏腻子将墙面找平，待其干燥后用砂纸打磨平整，然后用橡胶刮板再次刮腻子，接着涂1~3遍灰色乳胶漆，之后按设计图固定照片框。

主要材料及工艺

①壁纸

沙发背景墙用水泥砂浆找平，在墙面上满刮三遍腻子，用砂纸打磨光滑，刷一层基膜，用环保白乳胶配合专业壁纸粉将壁纸粘贴在墙面上，之后安装成品装饰画。

主要材料及工艺

①乳胶漆

将沙发背景墙修整平整，并用石膏腻子将墙面找平，待其干燥后用砂纸打磨平整，然后用橡胶刮板再次刮腻子，接着涂1~3遍乳胶漆，之后按设计图固定照片框。

主要材料及工艺

①乳胶漆；②装饰板材

将沙发背景墙修整平整，并用石膏腻子将墙面找平，待其干燥后用砂纸打磨平整，然后用橡胶刮板再次刮腻子，接着涂1~3遍乳胶漆，之后固定装饰板材，并摆放装饰画。

主要材料及工艺

①乳胶漆

将沙发背景墙修整平整，并用石膏腻子将墙面找平，待其干燥后用砂纸打磨平整，然后用橡胶刮板再次刮腻子，接着涂1~3遍乳胶漆，之后按设计图固定照片框。

主要材料及工艺

①壁纸

沙发背景墙用水泥砂浆找平，在墙面上满刮三遍腻子，用砂纸打磨光滑，刷一层基膜，用环保白乳胶配合专业壁纸粉将壁纸粘贴在墙面上，之后安装成品装饰画。

主要材料及工艺

①乳胶漆

将客厅墙面修整平整，并用石膏腻子将墙面找平，待其干燥后用砂纸打磨平整，然后用橡胶刮板再次刮腻子，接着涂1~3遍乳胶漆，之后按设计图固定照片框。

主要材料及工艺

①乳胶漆

将沙发背景墙修整平整，并用石膏腻子将墙面找平，待其干燥后用砂纸打磨平整，然后用橡胶刮板再次刮腻子，接着涂1~3遍米黄色乳胶漆，之后按设计图固定照片框。

主要材料及工艺

①壁纸

餐厅背景墙用水泥砂浆找平，在墙面上满刮三遍腻子，用砂纸打磨光滑，刷一层基膜，用环保白乳胶配合专业壁纸粉将壁纸粘贴在墙面上，之后按设计图固定照片框。

主要材料及工艺

①乳胶漆

将餐厅墙面修整平整，并用石膏腻子将墙面找平，待其干燥后用砂纸打磨平整，然后用橡胶刮板再次刮腻子，接着涂1~3遍乳胶漆，之后按设计图固定照片框。

主要材料及工艺

①饰面板；②烤漆玻璃

餐厅背景墙用轻钢龙骨做框架，大芯板做底材，一部分贴装饰饰面板，一部分干挂烤漆玻璃，之后按设计图固定照片框。

主要材料及工艺

①乳胶漆

将餐厅墙面修整平整，并用石膏腻子将墙面找平，待其干燥后用砂纸打磨平整，然后用橡胶刮板再次刮腻子，接着涂1~3遍乳胶漆，之后按设计图固定照片框。

主要材料及工艺

①乳胶漆

将餐厅背景墙修整平整，并用石膏腻子将墙面找平，待其干燥后用砂纸打磨平整，然后用橡胶刮板再次刮腻子，接着涂1~3遍黄色乳胶漆，之后按设计图固定照片框。

主要材料及工艺

①乳胶漆

将餐厅背景墙修整平整，并用石膏腻子将墙面找平，待其干燥后用砂纸打磨平整，然后用橡胶刮板再次刮腻子，接着涂1~3遍乳胶漆，之后按设计图固定照片框。

主要材料及工艺

①成品实木板造型

餐厅墙面用轻钢龙骨做框架，大芯板做底材，表面贴成品实木板造型，之后按设计图固定照片框。

主要材料及工艺

①乳胶漆

将餐厅背景墙修整平整,并用石膏腻子将墙面找平,待其干燥后用砂纸打磨平整,然后用橡胶刮板再次刮腻子,接着涂 1~3 遍米黄色乳胶漆,之后按设计图固定照片框。

主要材料及工艺

①乳胶漆

餐厅背景墙用水泥砂浆找平,在墙面上满刮三遍腻子,用砂纸打磨光滑,刷一层基膜,用环保白乳胶配合专业壁纸粉将壁纸粘贴在墙面上,之后安装成品装饰画。

主要材料及工艺

①饰面板

餐厅背景墙用轻钢龙骨做框架,大芯板做底材,用饰面板封面并刷面漆,之后安装成品装饰画。

主要材料及工艺

①乳胶漆；②墙裙

餐厅墙面一部分涂刷蓝色乳胶漆，一部分采用干挂的形式固定墙裙，之后安装成品装饰画。

主要材料及工艺

①乳胶漆

将餐厅墙面修整平整，并用石膏腻子将墙面找平，待其干燥后用砂纸打磨平整，然后用橡胶刮板再次刮腻子，接着涂1~3遍蓝色乳胶漆，之后按设计图固定照片框。

主要材料及工艺

①乳胶漆；②饰面板

餐厅背景墙一部分涂刷蓝色乳胶漆，一部分贴饰面板，并刷面漆，之后安装成品装饰画。

主要材料及工艺

①乳胶漆

将餐厅墙面修整平整，并用石膏腻子将墙面找平，待其干燥后用砂纸打磨平整，然后用橡胶刮板再次刮腻子，接着涂1~3遍乳胶漆，之后按设计图固定照片。

主要材料及工艺

①壁纸

餐厅背景墙用水泥砂浆找平，在墙面上满刮三遍腻子，用砂纸打磨光滑，刷一层基膜，用环保白乳胶配合专业壁纸粉将壁纸粘贴在墙面上，之后按设计图固定照片框。

主要材料及工艺

①乳胶漆

将餐厅墙面修整平整，并用石膏腻子将墙面找平，待其干燥后用砂纸打磨平整，然后用橡胶刮板再次刮腻子，接着涂1~3遍黄色乳胶漆，之后按设计图固定照片框。

主要材料及工艺

①乳胶漆

将卧室墙面修整平整，并用石膏腻子将墙面找平，待其干燥后用砂纸打磨平整，然后用橡胶刮板再次刮腻子，接着涂1~3遍乳胶漆，之后按设计图固定照片框。

主要材料及工艺

①乳胶漆

将卧室墙面修整平整，并用石膏腻子将墙面找平，待其干燥后用砂纸打磨平整，然后用橡胶刮板再次刮腻子，接着涂1~3遍乳胶漆，之后按设计图固定照片框。

主要材料及工艺

①饰面板

卧室背景墙用木龙骨做框架，大芯板做底材，表面贴装饰饰面板，之后按设计图固定照片框。

主要材料及工艺

①壁纸

卧室背景墙用水泥砂浆找平，在墙面上满刮三遍腻子，用砂纸打磨光滑，刷一层基膜，用环保白乳胶配合专业壁纸粉将壁纸粘贴在墙面上，之后按设计图固定照片框。

主要材料及工艺

①壁纸

卧室背景墙用水泥砂浆找平，在墙面上满刮三遍腻子，用砂纸打磨光滑，刷一层基膜，用环保白乳胶配合专业壁纸粉将壁纸粘贴在墙面上，之后固定成品装饰画。

主要材料及工艺

①乳胶漆

将卧室墙面修整平整，并用石膏腻子将墙面找平，待其干燥后用砂纸打磨平整，然后用橡胶刮板再次刮腻子，接着涂1~3遍粉色乳胶漆，之后按设计图固定照片框。

主要材料及工艺

①壁纸

卧室背景墙用水泥砂浆找平，在墙面上满刮三遍腻子，用砂纸打磨光滑，刷一层基膜，用环保白乳胶配合专业壁纸粉将壁纸粘贴在墙面上，之后按设计图固定照片框。

主要材料及工艺

①饰面板

卧室背景墙用木龙骨做框架，大芯板做底材，表面贴装饰饰面板，之后按设计图固定照片框。

主要材料及工艺

①乳胶漆

将卧室墙面修整平整，并用石膏腻子将墙面找平，待其干燥后用砂纸打磨平整，然后用橡胶刮板再次刮腻子，接着涂1~3遍乳胶漆，之后按设计图固定照片框。

主要材料及工艺

①软包

过道墙面先用木龙骨做出大框架，用三合板作底材，并与木龙骨之间用汽钉连接固定，用九合板再次做框架，按尺寸裁切好泡沫块后用布艺包裹，之后安装成品装饰画。

主要材料及工艺

①壁纸

玄关墙面用水泥砂浆找平，在墙面上满刮三遍腻子，用砂纸打磨光滑，刷一层基膜，用环保白乳胶配合专业壁纸粉将壁纸粘贴在墙面上，之后安装成品装饰画。

主要材料及工艺

①壁纸

玄关墙面用水泥砂浆找平，在墙面上满刮三遍腻子，用砂纸打磨光滑，刷一层基膜，用环保白乳胶配合专业壁纸粉将壁纸粘贴在墙面上，之后按设计图固定照片框。

主要材料及工艺

①乳胶漆

将玄关墙面修整平整，并用石膏腻子将墙面找平，待其干燥后用砂纸打磨平整，然后用橡胶刮板再次刮腻子，接着涂 1~3 遍乳胶漆，之后按设计图固定照片框。

主要材料及工艺

①乳胶漆

将玄关墙面修整平整，并用石膏腻子将墙面找平，待其干燥后用砂纸打磨平整，然后用橡胶刮板再次刮腻子，接着涂 1~3 遍绿色乳胶漆，之后按设计图固定照片框。

主要材料及工艺

①乳胶漆

将过道墙面修整平整，并用石膏腻子将墙面找平，待其干燥后用砂纸打磨平整，然后用橡胶刮板再次刮腻子，接着涂 1~3 遍乳胶漆，之后按设计图固定照片框。

主要材料及工艺

①饰面板

过道墙面用轻钢龙骨做框架，大芯板做底材，表面贴装饰饰面板，之后按设计图固定照片框。

主要材料及工艺

①壁纸

过道墙面用水泥砂浆找平，在墙面上满刮三遍腻子，用砂纸打磨光滑，刷一层基膜，用环保白乳胶配合专业壁纸粉将壁纸粘贴在墙面上，之后按设计图固定照片框。

主要材料及工艺

①壁纸

过道墙面用水泥砂浆找平，在墙面上满刮三遍腻子，用砂纸打磨光滑，刷一层基膜，用环保白乳胶配合专业壁纸粉将壁纸粘贴在墙面上，之后按设计图固定照片框。

主要材料及工艺

①乳胶漆

将过道墙面修整平整，并用石膏腻子将墙面找平，待其干燥后用砂纸打磨平整，然后用橡胶刮板再次刮腻子，接着涂1~3遍绿色乳胶漆，之后按设计图固定照片框。

主要材料及工艺

①乳胶漆

将过道墙面修整平整，并用石膏腻子将墙面找平，待其干燥后用砂纸打磨平整，然后用橡胶刮板再次刮腻子，接着涂1~3遍乳胶漆，之后按设计图固定照片框。

主要材料及工艺

①壁纸

过道墙面用水泥砂浆找平，在墙面上满刮三遍腻子，用砂纸打磨光滑，刷一层基膜，用环保白乳胶配合专业壁纸粉将壁纸粘贴在墙面上，之后按设计图固定照片框。

主要材料及工艺

①乳胶漆

将过道墙面修整平整，并用石膏腻子将墙面找平，待其干燥后用砂纸打磨平整，然后用橡胶刮板再次刮腻子，接着涂1~3遍灰色乳胶漆，之后按设计图固定照片框。

手绘墙

手绘墙画是用环保的绘画颜料，依照主人的爱好和兴趣，迎合家居的整体风格，在墙面上绘出各种图案以达到装饰效果。墙画并不局限于家中的某个位置，客厅、卧室、餐厅甚至是卫生间都可以选择手绘墙，一般来说，目前居室内选择作为电视背景墙、沙发墙和儿童房装饰的较多。墙画风格有中华风情、北欧简约、田园色彩、卡通动漫等多种选择。

主要材料及工艺

①丙烯颜料；②成品石膏板造型

电视背景墙用水泥砂浆找平，满刮三遍腻子，用砂纸打磨光滑，刷底漆一遍，面漆两遍，用丙烯颜料按设计图的图案手绘在墙面上，之后封成品石膏板造型。

主要材料及工艺

①丙烯颜料

沙发背景墙用水泥砂浆找平，满刮三遍腻子，用砂纸打磨光滑，刷底漆一遍，面漆两遍，用丙烯颜料按设计图的图案手绘在墙面上。

主要材料及工艺

①丙烯颜料

电视背景墙用水泥砂浆找平，满刮三遍腻子，用砂纸打磨光滑，刷底漆一遍，面漆两遍，用丙烯颜料按设计图的图案手绘在墙面上。

主要材料及工艺

①丙烯颜料

电视背景墙用水泥砂浆找平，满刮三遍腻子，用砂纸打磨光滑，刷底漆一遍，面漆两遍，用丙烯颜料按设计图的图案手绘在墙面上。

主要材料及工艺

①丙烯颜料；②成品石膏板造型

电视背景墙用水泥砂浆找平，满刮三遍腻子，用砂纸打磨光滑，刷底漆一遍，面漆两遍，用丙烯颜料按设计图的图案手绘在墙面上，之后封成品石膏板造型。

主要材料及工艺

①丙烯颜料

沙发背景墙用水泥砂浆找平，满刮三遍腻子，用砂纸打磨光滑，刷底漆一遍，面漆两遍，用丙烯颜料按设计图的图案手绘在墙面上。

主要材料及工艺

①壁纸；②丙烯颜料

电视背景墙中间部分用壁纸胶把装饰壁纸粘贴在大芯板底材上，四周用丙烯颜料按设计图的图案手绘在墙面上。

主要材料及工艺

①丙烯颜料

电视背景墙用水泥砂浆找平，满刮三遍腻子，用砂纸打磨光滑，刷底漆一遍，面漆两遍，用丙烯颜料按设计图的图案手绘在墙面上。

主要材料及工艺

① 丙烯颜料

沙发背景墙用水泥砂浆找平，满刮三遍腻子，用砂纸打磨光滑，刷底漆一遍，面漆两遍，用丙烯颜料按设计图的图案手绘在墙面上。

主要材料及工艺

① 饰面板；② 丙烯颜料

电视背景墙用轻钢龙骨做框架，大芯板做底材，用饰面板封面并刷哑光清漆，用丙烯颜料按设计图的图案手绘在饰面板上。

主要材料及工艺

① 丙烯颜料

电视背景墙用水泥砂浆找平，满刮三遍腻子，用砂纸打磨光滑，刷底漆一遍，面漆两遍，用丙烯颜料按设计图的图案手绘在墙面上。

主要材料及工艺

①丙烯颜料

电视背景墙用水泥砂浆找平，满刮二遍腻子，用砂纸打磨光滑，刷底漆一遍，面漆两遍，用丙烯颜料按设计图的图案手绘在墙面上。

主要材料及工艺

①丙烯颜料

电视背景墙用水泥砂浆找平，满刮三遍腻子，用砂纸打磨光滑，刷底漆一遍，面漆两遍，用丙烯颜料按设计图的图案手绘在墙面上。

主要材料及工艺

①丙烯颜料

电视背景墙用水泥砂浆找平，满刮三遍腻子，用砂纸打磨光滑，刷底漆一遍，面漆两遍，用丙烯颜料按设计图的图案手绘在墙面上。

主要材料及工艺

①丙烯颜料

电视背景墙用水泥砂浆找平，满刮三遍腻子，用砂纸打磨光滑，刷底漆一遍，面漆两遍，用丙烯颜料按设计图的图案手绘在墙面上。

主要材料及工艺

①丙烯颜料

电视背景墙用水泥砂浆
找平，满刮三遍腻子，
用砂纸打磨光滑，刷底
漆一遍，面漆两遍，用
丙烯颜料按设计图的图
案手绘在墙面上。

主要材料及工艺

①饰面板；②丙烯颜料

电视背景墙用轻钢龙骨
做框架，大芯板做底材，
用饰面板封面并刷面漆，
用丙烯颜料按设计图的
图案手绘在墙面上。

主要材料及工艺

①饰面板；②丙烯颜料；
③装饰玻璃

电视背景墙用轻钢龙骨
做框架，大芯板做底材，
中间部分用饰面板封面
并刷面漆，用丙烯颜料
按设计图的图案手绘在
墙面上；四周部分用玻
璃连接件将装饰玻璃与
墙面固定。

主要材料及工艺

①丙烯颜料

沙发背景墙用水泥砂浆找平，满刮三遍腻子，用砂纸打磨光滑，刷底漆一遍，面漆两遍，用丙烯颜料按设计图的图案手绘在墙面上。

主要材料及工艺

①丙烯颜料

沙发背景墙用水泥砂浆找平，满刮三遍腻子，用砂纸打磨光滑，刷底漆一遍，面漆两遍，用丙烯颜料按设计图的图案手绘在墙面上。

主要材料及工艺

①丙烯颜料

沙发背景墙用水泥砂浆找平，满刮三遍腻子，用砂纸打磨光滑，刷底漆一遍，面漆两遍，用丙烯颜料按设计图的图案手绘在墙面上。

主要材料及工艺

①丙烯颜料

沙发背景墙用水泥砂浆找平，满刮三遍腻子，用砂纸打磨光滑，刷底漆一遍，面漆两遍，用丙烯颜料按设计图的图案手绘在墙面上。

主要材料及工艺

①丙烯颜料；②成品石膏板造型

餐厅背景墙用水泥砂浆找平，满刮三遍腻子，用砂纸打磨光滑，刷底漆一遍，面漆两遍，用丙烯颜料按设计图的图案手绘在墙面上，之后封成品石膏板造型。

主要材料及工艺

①丙烯颜料

餐厅背景墙用水泥砂浆找平，满刮三遍腻子，用砂纸打磨光滑，刷底漆一遍，面漆两遍，用丙烯颜料按设计图的图案手绘在墙面上。

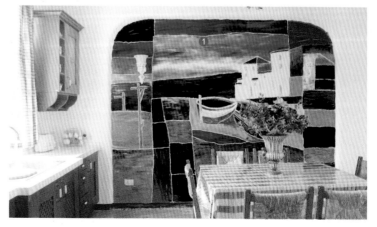

主要材料及工艺

①丙烯颜料

餐厅背景墙用水泥砂浆找平，满刮三遍腻子，用砂纸打磨光滑，刷底漆一遍，面漆两遍，用丙烯颜料按设计图的图案手绘在墙面上。

主要材料及工艺

①丙烯颜料

餐厅背景墙用水泥砂浆找平，满刮三遍腻子，用砂纸打磨光滑，刷底漆一遍，面漆两遍，用丙烯颜料按设计图的图案手绘在墙面上。

主要材料及工艺

①丙烯颜料；②成品石膏板造型

餐厅背景墙用水泥砂浆找平，满刮三遍腻子，用砂纸打磨光滑，刷底漆一遍，面漆两遍，用丙烯颜料按设计图的图案手绘在墙面上，之后封成品石膏板造型。

主要材料及工艺

①丙烯颜料

餐厅背景墙用水泥砂浆找平，满刮三遍腻子，用砂纸打磨光滑，刷底漆一遍，面漆两遍，用丙烯颜料按设计图的图案手绘在墙面上。

主要材料及工艺

①马赛克；②丙烯颜料

餐厅墙面一部分用大理石粘贴剂将马赛克固定在墙面上，用勾缝剂填缝；一部分用丙烯颜料按设计图的图案手绘在墙面上。

主要材料及工艺

①丙烯颜料；②成品石膏板造型

卧室背景墙用水泥砂浆找平，满刮三遍腻子，用砂纸打磨光滑，刷底漆一遍，面漆两遍，用丙烯颜料按设计图的图案手绘在墙面上，之后封成品石膏板造型。

主要材料及工艺

①丙烯颜料

卧室墙面用水泥砂浆找平，满刮三遍腻子，用砂纸打磨光滑，刷底漆一遍，面漆两遍，用丙烯颜料按设计图的图案手绘在墙面上。

主要材料及工艺

①丙烯颜料

卧室背景墙用水泥砂浆找平，满刮三遍腻子，用砂纸打磨光滑，刷底漆一遍，面漆两遍，用丙烯颜料按设计图的图案手绘在墙面上。

主要材料及工艺

①丙烯颜料

卧室背景墙用水泥砂浆找平，满刮三遍腻子，用砂纸打磨光滑，刷底漆一遍，面漆两遍，用丙烯颜料按设计图的图案手绘在墙面上。

主要材料及工艺

卧室背景墙用水泥砂浆找平，满刮三遍腻子，用砂纸打磨光滑，刷底漆一遍，面漆两遍，用丙烯颜料按设计图的图案手绘在墙面上。

主要材料及工艺

①饰面板；②丙烯颜料

卧室背景墙一部分贴装饰饰面板，一部分用丙烯颜料按设计图的图案手绘在墙面上。

主要材料及工艺

①丙烯颜料

卧室背景墙用水泥砂浆找平，满刮三遍腻子，用砂纸打磨光滑，刷底漆一遍，面漆两遍，用丙烯颜料按设计图的图案手绘在墙面上。

主要材料及工艺

①丙烯颜料

卧室墙面用水泥砂浆找平，满刮三遍腻子，用砂纸打磨光滑，刷底漆一遍，面漆两遍，用丙烯颜料按设计图的图案手绘在墙面上。

主要材料及工艺

①丙烯颜料

卧室背景墙用水泥砂浆找平，满刮三遍腻子，用砂纸打磨光滑，刷底漆一遍，面漆两遍，用丙烯颜料按设计图的图案手绘在墙面上。

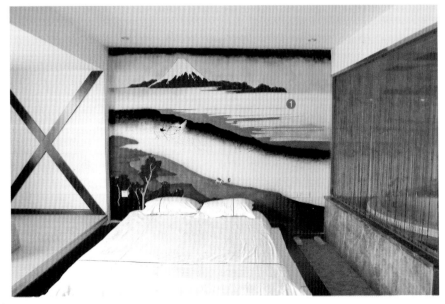

主要材料及工艺

①丙烯颜料

卧室背景墙用水泥砂浆找平，满刮三遍腻子，用砂纸打磨光滑，刷底漆一遍，面漆两遍，用丙烯颜料按设计图的图案手绘在墙面上。

主要材料及工艺

①丙烯颜料

卧室墙面用水泥砂浆找平，满刮三遍腻子，用砂纸打磨光滑，刷底漆一遍，面漆两遍，用丙烯颜料按设计图的图案手绘在墙面上。

主要材料及工艺

①丙烯颜料

卧室背景墙用水泥砂浆找平，满刮三遍腻子，用砂纸打磨光滑，刷底漆一遍，面漆两遍，用丙烯颜料按设计图的图案手绘在墙面上。

主要材料及工艺

①丙烯颜料

卧室背景墙用水泥砂浆找平，满刮三遍腻子，用砂纸打磨光滑，刷底漆一遍，面漆两遍，用丙烯颜料按设计图的图案手绘在墙面上。

主要材料及工艺

①丙烯颜料

卧室背景墙用水泥砂浆找平，满刮三遍腻子，用砂纸打磨光滑，刷底漆一遍，面漆两遍，用丙烯颜料按设计图的图案手绘在墙面上。

主要材料及工艺

①丙烯颜料

卧室墙面用水泥砂浆找平，满刮三遍腻子，用砂纸打磨光滑，刷底漆一遍，面漆两遍，用丙烯颜料按设计图的图案手绘在墙面上。

主要材料及工艺

①丙烯颜料

卧室背景墙用水泥砂浆找平，满刮三遍腻子，用砂纸打磨光滑，刷底漆一遍，面漆两遍，用丙烯颜料按设计图的图案手绘在墙面上。

主要材料及工艺

①丙烯颜料

卧室背景墙用水泥砂浆找平，满刮三遍腻子，用砂纸打磨光滑，刷底漆一遍，面漆两遍，用丙烯颜料按设计图的图案手绘在墙面上。

主要材料及工艺

①丙烯颜料

卧室墙面用水泥砂浆找平，满刮三遍腻子，用砂纸打磨光滑，刷底漆一遍，面漆两遍，用丙烯颜料按设计图的图案手绘在墙面上。

主要材料及工艺

①丙烯颜料

卧室墙面用水泥砂浆找平，满刮三遍腻子，用砂纸打磨光滑，刷底漆一遍，面漆两遍，用丙烯颜料按设计图的图案手绘在墙面上。

主要材料及工艺

①丙烯颜料

卧室墙面用水泥砂浆找平，满刮三遍腻子，用砂纸打磨光滑，刷底漆一遍，面漆两遍，用丙烯颜料按设计图的图案手绘在墙面上。

主要材料及工艺

①丙烯颜料

卧室背景墙用水泥砂浆找平，满刮三遍腻子，用砂纸打磨光滑，刷底漆一遍，面漆两遍，用丙烯颜料按设计图的图案手绘在墙面上。

主要材料及工艺

①丙烯颜料

卧室墙面用水泥砂浆找平，满刮三遍腻子，用砂纸打磨光滑，刷底漆一遍，面漆两遍，用丙烯颜料按设计图的图案手绘在墙面上。

主要材料及工艺

①丙烯颜料

卧室墙面用水泥砂浆找平，满刮三遍腻子，用砂纸打磨光滑，刷底漆一遍，面漆两遍，用丙烯颜料按设计图的图案手绘在墙面上。

主要材料及工艺

①丙烯颜料

玄关墙面用水泥砂浆找平，满刮三遍腻子，用砂纸打磨光滑，刷底漆一遍，面漆两遍，用丙烯颜料按设计图的图案手绘在墙面上。

主要材料及工艺

①丙烯颜料

玄关墙面用水泥砂浆找平，满刮三遍腻子，用砂纸打磨光滑，刷底漆一遍，面漆两遍，用丙烯颜料按设计图的图案手绘在墙面上。

主要材料及工艺

①丙烯颜料

卫浴墙面用水泥砂浆找平，满刮三遍腻子，用砂纸打磨光滑，刷底漆一遍，面漆两遍，用丙烯颜料按设计图的图案手绘在墙面上。

主要材料及工艺

①丙烯颜料

过道墙面用水泥砂浆找平，满刮三遍腻子，用砂纸打磨光滑，刷底漆一遍，面漆两遍，用丙烯颜料按设计图的图案手绘在墙面上。

主要材料及工艺

①丙烯颜料

过道墙面用水泥砂浆找平，满刮三遍腻子，用砂纸打磨光滑，刷底漆一遍，面漆两遍，用丙烯颜料按设计图的图案手绘在墙面上。

主要材料及工艺

①丙烯颜料

过道墙面用水泥砂浆找平，满刮三遍腻子，用砂纸打磨光滑，刷底漆一遍，面漆两遍，用丙烯颜料按设计图的图案手绘在墙面上。

①丙烯颜料

居室墙面用水泥砂浆找平，满刮三遍腻子，用砂纸打磨光滑，刷底漆一遍，面漆两遍，用丙烯颜料按设计图的图案手绘在墙面上。

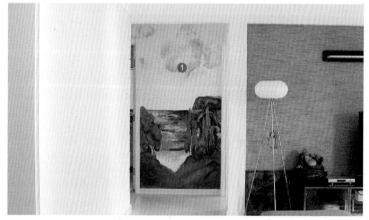

主要材料及工艺

①丙烯颜料

过道墙面用水泥砂浆找平，满刮三遍腻子，用砂纸打磨光滑，刷底漆一遍，面漆两遍，用丙烯颜料按设计图的图案手绘在墙面上。

主要材料及工艺

①丙烯颜料

过道墙面用水泥砂浆找平，满刮三遍腻子，用砂纸打磨光滑，刷底漆一遍，面漆两遍，用丙烯颜料按设计图的图案手绘在墙面上。

主要材料及工艺

①丙烯颜料

过道墙面用水泥砂浆找平，满刮三遍腻子，用砂纸打磨光滑，刷底漆一遍，面漆两遍，用丙烯颜料按设计图的图案手绘在墙面上。

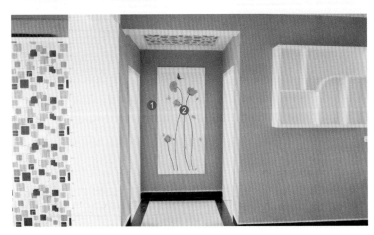

主要材料及工艺

①乳胶漆；②丙烯颜料

过道部分墙面涂刷灰色乳胶漆，中间部分用丙烯颜料按设计图的图案手绘在墙面上。

主要材料及工艺

①丙烯颜料

过道墙面用水泥砂浆找平，满刮三遍腻子，用砂纸打磨光滑，刷底漆一遍，面漆两遍，用丙烯颜料按设计图的图案手绘在墙面上。

主要材料及工艺

①丙烯颜料

过道墙面用水泥砂浆找平，满刮三遍腻子，用砂纸打磨光滑，刷底漆一遍，面漆两遍，用丙烯颜料按设计图的图案手绘在墙面上。

主要材料及工艺

①丙烯颜料

过道墙面用水泥砂浆找平，满刮三遍腻子，用砂纸打磨光滑，刷底漆一遍，面漆两遍，用丙烯颜料按设计图的图案手绘在墙面上。

主要材料及工艺

①丙烯颜料

居室墙面用水泥砂浆找平，满刮三遍腻子，用砂纸打磨光滑，刷底漆一遍，面漆两遍，用丙烯颜料按设计图的图案手绘在墙面上。

主要材料及工艺

①丙烯颜料

居室墙面用水泥砂浆找平，满刮三遍腻子，用砂纸打磨光滑，刷底漆一遍，面漆两遍，用丙烯颜料按设计图的图案手绘在墙面上。

主要材料及工艺

①丙烯颜料

居室墙面用水泥砂浆找平，满刮三遍腻子，用砂纸打磨光滑，刷底漆一遍，面漆两遍，用丙烯颜料按设计图的图案手绘在墙面上。

主要材料及工艺

①丙烯颜料

居室墙面用水泥砂浆找平，满刮三遍腻子，用砂纸打磨光滑，刷底漆一遍，面漆两遍，用丙烯颜料按设计图的图案手绘在墙面上。

主要材料及工艺

①丙烯颜料

过道墙面用水泥砂浆找平，满刮三遍腻子，用砂纸打磨光滑，刷底漆一遍，面漆两遍，用丙烯颜料按设计图的图案手绘在墙面上。

主要材料及工艺

①丙烯颜料

过道墙面用水泥砂浆找平，满刮三遍腻子，用砂纸打磨光滑，刷底漆一遍，面漆两遍，用丙烯颜料按设计图的图案手绘在墙面上。

主要材料及工艺

①丙烯颜料

过道墙面用水泥砂浆找平，满刮三遍腻子，用砂纸打磨光滑，刷底漆一遍，面漆两遍，用丙烯颜料按设计图的图案手绘在墙面上。

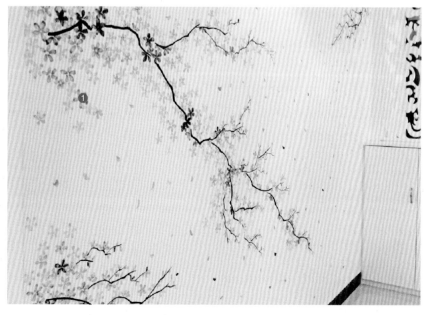

主要材料及工艺

①丙烯颜料

过道墙面用水泥砂浆找平，满刮三遍腻子，用砂纸打磨光滑，刷底漆一遍，面漆两遍，用丙烯颜料按设计图的图案手绘在墙面上。

主要材料及工艺

①丙烯颜料

居室墙面用水泥砂浆找平，满刮三遍腻子，用砂纸打磨光滑，刷底漆一遍，面漆两遍，用丙烯颜料按设计图的图案手绘在墙面上。

主要材料及工艺

①丙烯颜料

居室墙面用水泥砂浆找平，满刮三遍腻子，用砂纸打磨光滑，刷底漆一遍，面漆两遍，用丙烯颜料按设计图的图案手绘在墙面上。

主要材料及工艺

①丙烯颜料

玄关墙面用水泥砂浆找平，满刮三遍腻子，用砂纸打磨光滑，刷底漆一遍，面漆两遍，用丙烯颜料按设计图的图案手绘在墙面上。

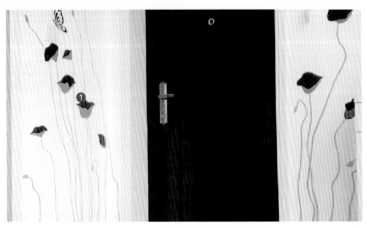

主要材料及工艺

①丙烯颜料

过道墙面用水泥砂浆找平，满刮二遍腻了，用砂纸打磨光滑，刷底漆一遍，面漆两遍，用丙烯颜料按设计图的图案手绘在墙面上。

主要材料及工艺

①丙烯颜料

居室墙面用水泥砂浆找平，满刮三遍腻子，用砂纸打磨光滑，刷底漆一遍，面漆两遍，用丙烯颜料按设计图的图案手绘在墙面上。

主要材料及工艺

①丙烯颜料

过道墙面用水泥砂浆找平，满刮三遍腻子，用砂纸打磨光滑，刷底漆一遍，面漆两遍，用丙烯颜料按设计图的图案手绘在墙面上。

主要材料及工艺

①丙烯颜料

居室墙面用水泥砂浆找平，满刮三遍腻子，用砂纸打磨光滑，刷底漆一遍，面漆两遍，用丙烯颜料按设计图的图案手绘在墙面上。

主要材料及工艺

①丙烯颜料

居室墙面用水泥砂浆找平，满刮三遍腻子，用砂纸打磨光滑，刷底漆一遍，面漆两遍，用丙烯颜料按设计图的图案手绘在墙面上。

主要材料及工艺

①丙烯颜料

居室墙面用水泥砂浆找平，满刮三遍腻子，用砂纸打磨光滑，刷底漆一遍，面漆两遍，用丙烯颜料按设计图的图案手绘在墙面上。

壁炉墙

　　壁炉是在室内靠墙砌的牛火取暖的设备，具有装饰作用和实用价值。壁炉的基本结构包括壁炉架和壁炉芯，壁炉架起到装饰作用，壁炉芯起到实用作用。此外，壁炉在修建时因其框架材质不同可以分为大理石壁炉架、木制壁炉架、仿大理石壁炉架（树脂）、堆砌壁炉架四种款式。在艺术表现形式上大理石壁炉架的欧式壁炉，最能体现艺术效果，因其石头接近自然的形态，围在其身边烤火的时候，仿佛有自然中芬芳的气息溢出。

主要材料及工艺

①文化石

电视背景墙的塑造是将文化石背部浸湿，在背部中央涂抹黏结剂，先铺贴转角再以转角石水平线为基准贴平面石，之后安装成品壁炉。

主要材料及工艺

①护墙板

根据施工图上的尺寸，先在墙上画出水平标高，弹出分档线，加木橛或预先砌入木砖，之后安装木龙骨，再装钉护墙板，最后安装成品壁炉。

主要材料及工艺

①文化石

电视背景墙的塑造是将文化石背部浸湿，在背部中央涂抹黏结剂，先铺贴转角再以转角石水平线为基准贴平面石，之后安装成品壁炉。

主要材料及工艺

①乳胶漆

将电视背景墙修整平整，并用石膏腻子将墙面找平，待其干燥后用砂纸打磨平整，然后用橡胶刮板再次刮腻子，接着涂1~3遍乳胶漆，之后安装成品壁炉。

主要材料及工艺

①乳胶漆

将居室墙面修整平整，并用石膏腻子将墙面找平，待其干燥后用砂纸打磨平整，然后用橡胶刮板再次刮腻子，接着涂1~3遍黄色乳胶漆，之后安装成品壁炉。

主要材料及工艺

①文化石

居室墙面的塑造是将文化石背部浸湿，在背部中央涂抹黏结剂，先铺贴转角再以转角石水平线为基准贴平面石，之后安装成品壁炉。

主要材料及工艺

①护墙板

根据施工图上的尺寸，先在墙上画出水平标高，弹出分档线，加木橛或预先砌入木砖；之后安装木龙骨，再装钉护墙板，最后安装成品壁炉。

主要材料及工艺

①护墙板

根据施工图上的尺寸，先在墙上画出水平标高，弹出分档线，加木橛或预先砌入木砖；之后安装木龙骨，再装钉护墙板，最后安装成品壁炉。

主要材料及工艺

①乳胶漆

将客厅墙面修整平整，并用石膏腻子将墙面找平，待其干燥后用砂纸打磨平整，然后用橡胶刮板再次刮腻子，接着涂1~3遍黄色乳胶漆，之后安装成品壁炉。

主要材料及工艺

①乳胶漆

将客厅墙面修整平整，并用石膏腻子将墙面找平，待其干燥后用砂纸打磨平整，然后用橡胶刮板再次刮腻子，接着涂1~3遍乳胶漆，之后安装成品壁炉。

主要材料及工艺

①文化石

客厅墙面的塑造是将文化石背部浸湿，在背部中央涂抹黏结剂，先铺贴转角再以转角石水平线为基准贴平面石，之后安装成品壁炉。

主要材料及工艺

①红砖

客厅墙面用水泥砂浆把红砖粘贴在原墙面上，并用角磨机将红砖边角打磨平滑，接着涂刷乳胶漆，之后安装成品壁炉。

主要材料及工艺

①乳胶漆

将客厅墙面修整平整，并用石膏腻子将墙面找平，待其干燥后用砂纸打磨平整，然后用橡胶刮板再次刮腻子，接着涂1~3遍乳胶漆，之后安装成品壁炉。

主要材料及工艺

①壁纸

客厅墙面用水泥砂浆找平，在墙面上满刮三遍腻子，用砂纸打磨光滑，刷一层基膜，用环保白乳胶配合专业壁纸粉将壁纸粘贴在墙面上，之后安装成品壁炉。

主要材料及工艺

①红砖

客厅墙面用水泥砂浆把红砖粘贴在原墙面上，并用角磨机将红砖边角打磨平滑，接着涂刷乳胶漆，之后安装成品壁炉。

主要材料及工艺

①乳胶漆

将客厅墙面修整平整，并用石膏腻子将墙面找平，待其干燥后用砂纸打磨平整，然后用橡胶刮板再次刮腻子，接着涂1~3遍黄色乳胶漆，之后安装成品壁炉。

主要材料及工艺

①文化石

客厅墙面的塑造是将文化石背部浸湿，在背部中央涂抹黏结剂，先铺贴转角再以转角石水平线为基准贴平面石，之后安装成品壁炉。

主要材料及工艺

①乳胶漆

将客厅墙面修整平整，并用石膏腻子将墙面找平，待其干燥后用砂纸打磨平整，然后用橡胶刮板再次刮腻子，接着涂1~3遍黄色乳胶漆，之后安装成品壁炉。

主要材料及工艺

①文化石

客厅墙面的塑造是将文化石背部浸湿，在背部中央涂抹黏结剂，先铺贴转角再以转角石水平线为基准贴平面石，之后安装成品壁炉。

主要材料及工艺

①饰面板

客厅墙面用轻钢龙骨做框架，大芯板做底材，表面贴装饰饰面板，之后安装成品壁炉。

主要材料及工艺

①乳胶漆

将客厅墙面修整平整，并用石膏腻子将墙面找平，待其干燥后用砂纸打磨平整，然后用橡胶刮板再次刮腻子，接着涂1~3遍黄色乳胶漆，之后安装成品壁炉。

主要材料及工艺

①石材

按照设计图在墙面上确定贴石材的位置，用点挂的方式将订制好的大理石固定在墙面上，粘贴完毕用专业的勾缝剂填缝，之后安装成品壁炉。

主要材料及工艺

①乳胶漆

将客厅墙面修整平整，并用石膏腻子将墙面找平，待其干燥后用砂纸打磨平整，然后用橡胶刮板再次刮腻子，接着涂1~3遍黄色乳胶漆，之后安装成品壁炉。

主要材料及工艺

①文化石

客厅墙面的塑造是将文化石背部浸湿，在背部中央涂抹黏结剂，先铺贴转角再以转角石水平线为基准贴平面石，之后安装成品壁炉。

主要材料及工艺

①乳胶漆

将客厅墙面修整平整，并用石膏腻子将墙面找平，待其干燥后用砂纸打磨平整，然后用橡胶刮板再次刮腻子，接着涂 1~3 遍乳胶漆，之后安装成品壁炉。

主要材料及工艺

①乳胶漆

将客厅墙面修整平整，并用石膏腻子将墙面找平，待其干燥后用砂纸打磨平整，然后用橡胶刮板再次刮腻子，接着涂 1~3 遍乳胶漆，之后安装成品壁炉。

主要材料及工艺

①石材

按照设计图在墙面上确定贴石材的位置，用点挂的方式将订制好的大理石固定在墙面上，粘贴完毕用专业的勾缝剂填缝，之后安装成品壁炉。

主要材料及工艺

①壁纸

客厅背景墙用水泥砂浆找平，在墙面上满刮三遍腻子，用砂纸打磨光滑，刷一层基膜，用环保白乳胶配合专业壁纸粉将壁纸粘贴在墙面上，之后安装成品壁炉。

主要材料及工艺

①文化石

客厅墙面的塑造是将文化石背部浸湿，在背部中央涂抹黏结剂，先铺贴转角再以转角石水平线为基准贴平面石，之后安装成品壁炉。

主要材料及工艺

①护墙板

根据施工图上的尺寸，先在墙上画出水平标高，弹出分档线，加木橛或预先砌入木砖；之后安装木龙骨，再装钉护墙板，最后安装成品壁炉。

主要材料及工艺

①壁纸

客厅背景墙用水泥砂浆找平，在墙面上满刮三遍腻子，用砂纸打磨光滑，刷一层基膜，用环保白乳胶配合专业壁纸粉将壁纸粘贴在墙面上，之后安装成品壁炉。

主要材料及工艺

①乳胶漆

将客厅墙面修整平整，并用石膏腻子将墙面找平，待其干燥后用砂纸打磨平整，然后用橡胶刮板再次刮腻子，接着涂1~3遍红色乳胶漆，之后安装成品壁炉。

主要材料及工艺

①红砖

客厅墙面用水泥砂浆把红砖粘贴在原墙面上，并用角磨机将红砖边角打磨平滑，之后安装成品壁炉。

主要材料及工艺

①文化石

客厅墙面的塑造是将文化石背部浸湿，在背部中央涂抹黏结剂，先铺贴转角再以转角石水平线为基准贴平面石，之后安装成品壁炉。

主要材料及工艺

①乳胶漆

将客厅墙面修整平整，并用石膏腻子将墙面找平，待其干燥后用砂纸打磨平整，然后用橡胶刮板再次刮腻子，接着涂1~3遍乳胶漆，之后安装成品壁炉。

主要材料及工艺

①乳胶漆

将客厅墙面修整平整，并用石膏腻子将墙面找平，待其干燥后用砂纸打磨平整，然后用橡胶刮板再次刮腻子，接着涂1~3遍乳胶漆，之后安装成品壁炉。

主要材料及工艺

①文化石

客厅墙面的塑造是将文化石背部浸湿，在背部中央涂抹黏结剂，先铺贴转角再以转角石水平线为基准贴平面石，之后安装成品壁炉。

主要材料及工艺

①文化石

客厅墙面的塑造是将文化石背部浸湿，在背部中央涂抹黏结剂，先铺贴转角再以转角石水平线为基准贴平面石，之后安装成品壁炉。

主要材料及工艺

①文化石

客厅墙面的塑造是将文化石背部浸湿，在背部中央涂抹黏结剂，先铺贴转角再以转角石水平线为基准贴平面石，之后安装成品壁炉。

主要材料及工艺

①乳胶漆

将客厅墙面修整平整，并用石膏腻子将墙面找平，待其干燥后用砂纸打磨平整，然后用橡胶刮板再次刮腻子，接着涂1~3遍乳胶漆，之后安装成品壁炉。

主要材料及工艺

①文化石

客厅墙面的塑造是将文化石背部浸湿，在背部中央涂抹黏结剂，先铺贴转角再以转角石水平线为基准贴平面石，之后安装成品壁炉。

主要材料及工艺

①乳胶漆

将客厅墙面修整平整，并用石膏腻子将墙面找平，待其干燥后用砂纸打磨平整，然后用橡胶刮板再次刮腻子，接着涂1~3遍乳胶漆，之后安装成品壁炉。

主要材料及工艺

①乳胶漆

将客厅墙面修整平整，并用石膏腻子将墙面找平，待其干燥后用砂纸打磨平整，然后用橡胶刮板再次刮腻子，接着涂1~3遍乳胶漆，之后安装成品壁炉。

主要材料及工艺

①饰面板

在用水泥砂浆找平的电视背景墙面上弹线，用木工板做出造型，贴装饰面板后刷油漆。

主要材料及工艺

①文化砖

电视背景墙用水泥砂浆把文化砖粘贴在原墙面上，之后用角磨机将文化砖边角打磨平滑，最后涂刷白灰。

主要材料及工艺

①饰面板

客厅墙面用轻钢龙骨做框架，大芯板做底材，表面贴装饰饰面板，并涂刷面漆，之后安装成品壁炉。

主要材料及工艺

①壁纸

客厅背景墙用水泥砂浆找平，在墙面上满刮三遍腻子，用砂纸打磨光滑，刷一层基膜，用环保白乳胶配合专业壁纸粉将壁纸粘贴在墙面上，之后安装成品壁炉。

主要材料及工艺

①饰面板

客厅墙面用轻钢龙骨做框架，大芯板做底材，表面贴装饰饰面板，并涂刷面漆，之后安装成品壁炉。

主要材料及工艺

①乳胶漆

将客厅墙面修整平整，并用石膏腻子将墙面找平，待其干燥后用砂纸打磨平整，然后用橡胶刮板再次刮腻子，接着涂1~3遍乳胶漆，之后安装成品壁炉。

主要材料及工艺

①乳胶漆

将客厅墙面修整平整，并用石膏腻子将墙面找平，待其干燥后用砂纸打磨平整，然后用橡胶刮板再次刮腻子，接着涂1~3遍乳胶漆，之后安装成品壁炉。

主要材料及工艺

①乳胶漆

将客厅墙面修整平整，并用石膏腻子将墙面找平，待其干燥后用砂纸打磨平整，然后用橡胶刮板再次刮腻子，接着涂 1~3 遍乳胶漆，之后安装成品壁炉。

主要材料及工艺

①乳胶漆

将客厅墙面修整平整，并用石膏腻子将墙面找平，待其干燥后用砂纸打磨平整，然后用橡胶刮板再次刮腻子，接着涂 1~3 遍乳胶漆，之后安装成品壁炉。

主要材料及工艺

①乳胶漆

将客厅墙面修整平整，并用石膏腻子将墙面找平，待其干燥后用砂纸打磨平整，然后用橡胶刮板再次刮腻子，接着涂 1~3 遍乳胶漆，之后安装成品壁炉。

主要材料及工艺

①饰面板

客厅墙面用轻钢龙骨做框架，大芯板做底材，表面贴装饰饰面板，并涂刷面漆，之后安装成品壁炉。

主要材料及工艺

①烤漆玻璃；②石材

客厅墙面一部分干挂烤漆玻璃，后用膨胀螺栓固定，一部分在墙面上确定贴石材的位置，用点挂的方式将订制好的大理石固定在墙面上，粘贴完毕用专业的勾缝剂填缝，之后安装成品壁炉。

主要材料及工艺

①文化石

客厅墙面的塑造是将文化石背部浸湿，在背部中央涂抹黏结剂，先铺贴转角再以转角石水平线为基准贴平面石，之后安装成品壁炉。

主要材料及工艺

①护墙板

根据施工图上的尺寸，先在墙上画出水平标高，弹出分档线，加木橛或预先砌入木砖；之后安装木龙骨，再装钉护墙板，最后安装成品壁炉。

主要材料及工艺

①文化石

客厅墙面的塑造是将文化石背部浸湿，在背部中央涂抹黏结剂，先铺贴转角再以转角石水平线为基准贴平面石，之后安装成品壁炉。

主要材料及工艺

①石材

按照设计图在墙面上确定贴石材的位置，用点挂的方式将订制好的大理石固定在墙面上，粘贴完毕用专业的勾缝剂填缝，之后安装成品壁炉。

主要材料及工艺

①红砖

客厅墙面用水泥砂浆把红砖粘贴在原墙面上，并用角磨机将红砖边角打磨平滑，之后安装成品壁炉。

主要材料及工艺

①乳胶漆

将客厅墙面修整平整，并用石膏腻子将墙面找平，待其干燥后用砂纸打磨平整，然后用橡胶刮板再次刮腻子，接着涂1~3遍米色乳胶漆，之后安装成品壁炉。

主要材料及工艺

①文化石

客厅墙面的塑造是将文化石背部浸湿，在背部中央涂抹黏结剂，先铺贴转角再以转角石水平线为基准贴平面石，之后安装成品壁炉。

主要材料及工艺

①石材

按照设计图在墙面上确定贴石材的位置，用点挂的方式将订制好的大理石固定在墙面上，粘贴完毕用专业的勾缝剂填缝，之后安装成品壁炉。

主要材料及工艺

①壁纸

居室墙面用水泥砂浆找平，在墙面上满刮三遍腻子，用砂纸打磨光滑，刷一层基膜，用环保白乳胶配合专业壁纸粉将壁纸粘贴在墙面上，之后安装成品壁炉。

主要材料及工艺

①红砖

客厅墙面用水泥砂浆把红砖粘贴在原墙面上，并用角磨机将红砖边角打磨平滑，之后安装成品壁炉。

主要材料及工艺

①乳胶漆

将客厅墙面修整平整，并用石膏腻子将墙面找平，待其干燥后用砂纸打磨平整，然后用橡胶刮板再次刮腻子，接着涂1~3遍乳胶漆，之后安装成品壁炉。

主要材料及工艺

①乳胶漆

将客厅墙面修整平整，并用石膏腻子将墙面找平，待其干燥后用砂纸打磨平整，然后用橡胶刮板再次刮腻子，接着涂 1~3 遍乳胶漆，之后安装成品壁炉。

主要材料及工艺

①文化石

客厅墙面的塑造是将文化石背部浸湿，在背部中央涂抹黏结剂，先铺贴转角再以转角石水平线为基准贴平面石，之后安装成品壁炉。

主要材料及工艺

①乳胶漆

将客厅墙面修整平整，并用石膏腻子将墙面找平，待其干燥后用砂纸打磨平整，然后用橡胶刮板再次刮腻子，接着涂 1~3 遍黄色乳胶漆，之后安装成品壁炉。

主要材料及工艺

①乳胶漆

将客厅墙面修整平整，并用石膏腻子将墙面找平，待其干燥后用砂纸打磨平整，然后用橡胶刮板再次刮腻子，接着涂1~3遍乳胶漆，之后安装成品壁炉。

主要材料及工艺

①文化石

客厅墙面的塑造是将文化石背部浸湿，在背部中央涂抹黏结剂，先铺贴转角再以转角石水平线为基准贴平面石，之后安装成品壁炉。

主要材料及工艺

①文化石

客厅墙面的塑造是将文化石背部浸湿，在背部中央涂抹黏结剂，先铺贴转角再以转角石水平线为基准贴平面石，之后安装成品壁炉。

主要材料及工艺

①壁纸

客厅墙面用水泥砂浆找平，在墙面上满刮三遍腻子，用砂纸打磨光滑，刷一层基膜，用环保白乳胶配合专业壁纸粉将壁纸粘贴在墙面上，之后安装成品壁炉。

主要材料及工艺

①护墙板

根据施工图上的尺寸，先在墙上画出水平标高，弹出分档线，加木橛或预先砌入木砖；之后安装木龙骨，再装钉护墙板，最后安装成品壁炉。

主要材料及工艺

①文化石

客厅墙面的塑造是将文化石背部浸湿，在背部中央涂抹黏结剂，先铺贴转角再以转角石水平线为基准贴平面石，之后安装成品壁炉。

主要材料及工艺

①石材

按照设计图在墙面上确定贴石材的位置，用点挂的方式将订制好的大理石固定在墙面上，粘贴完毕用专业的勾缝剂填缝，之后安装成品壁炉。

主要材料及工艺

①乳胶漆

将客厅墙面修整平整，并用石膏腻子将墙面找平，待其干燥后用砂纸打磨平整，然后用橡胶刮板再次刮腻子，接着涂1~3遍乳胶漆，之后安装成品壁炉。

主要材料及工艺

①壁纸

客厅墙面用水泥砂浆找平，在墙面上满刮三遍腻子，用砂纸打磨光滑，刷一层基膜，用环保白乳胶配合专业壁纸粉将壁纸粘贴在墙面上，之后安装成品壁炉。

主要材料及工艺

①乳胶漆

将客厅墙面修整平整，并用石膏腻子将墙面找平，待其干燥后用砂纸打磨平整，然后用橡胶刮板再次刮腻子，接着涂1~3遍蓝色乳胶漆，之后安装成品壁炉。

主要材料及工艺

①壁纸

卧室墙面用水泥砂浆找平,在墙面上满刮三遍腻子,用砂纸打磨光滑,刷一层基膜,用环保白乳胶配合专业壁纸粉将壁纸粘贴在墙面上,之后安装成品壁炉。

主要材料及工艺

①乳胶漆

将卧室墙面修整平整,并用石膏腻子将墙面找平,待其干燥后用砂纸打磨平整,然后用橡胶刮板再次刮腻子,接着涂 1~3 遍灰色乳胶漆,之后安装成品壁炉。

主要材料及工艺

①青砖

书房墙面用水泥砂浆把青砖粘贴在原墙面上,并用角磨机将青砖边角打磨平滑,之后安装成品壁炉。

主要材料及工艺

①乳胶漆

将书房墙面修整平整，并用石膏腻子将墙面找平，待其干燥后用砂纸打磨平整，然后用橡胶刮板再次刮腻子，接着涂1~3遍米黄色乳胶漆，之后安装成品壁炉。

主要材料及工艺

①红砖

玄关墙面用水泥砂浆把红砖粘贴在原墙面上，并用角磨机将红砖边角打磨平滑，之后安装成品壁炉。

主要材料及工艺

①文化石

过道墙面的塑造是将文化石背部浸湿，在背部中央涂抹黏结剂，先铺贴转角再以转角石水平线为基准贴平面石，之后安装成品壁炉。

主要材料及工艺

①红砖

过道墙面用水泥砂浆把红砖粘贴在原墙面上，并用角磨机将红砖边角打磨平滑，之后安装成品壁炉。

主要材料及工艺

①红砖

过道墙面用水泥砂浆把红砖粘贴在原墙面上，并用角磨机将红砖边角打磨平滑，之后安装成品壁炉。

主要材料及工艺

①文化石

阳台墙面的塑造是将文化石背部浸湿，在背部中央涂抹黏结剂，先铺贴转角再以转角石水平线为基准贴平面石，之后安装成品壁炉。

主要材料及工艺

①文化石

阳台墙面的塑造是将文化石背部浸湿，在背部中央涂抹黏结剂，先铺贴转角再以转角石水平线为基准贴平面石，之后安装成品壁炉。

饰品墙

　　饰品墙非常适合忙碌而追求品位、精致生活的现代都市人群，快节奏的生活一切讲究快捷简便，一个已雕刻好的漂亮图案只需把它贴在墙面上即可，一个精致的工艺品只需把它摆放在墙面简易搁架上就行……这样的装饰效果既简单，又容易出效果，并且还能节省家中的装修预算；另外，一些物件记录的不仅是某个瞬间，更能把所有的记忆带回当下，有了这样的一面墙，生活的空间也随之变得更加丰富多彩。

主要材料及工艺

①壁纸；②成品装饰柜

客厅墙面用专业壁纸胶粘贴壁纸，并摆放成品装饰柜，最后把饰品摆放在装饰柜中。

主要材料及工艺

①镜面玻璃；②成品石膏板造型

沙发背景墙先干挂镜面玻璃，后用膨胀螺栓固定，之后安装成品石膏板造型，最后摆放饰品。

主要材料及工艺

①实木板造型；②木质搁板

电视背景墙用轻钢龙骨做框架，大芯板做底材，表面贴实木板造型，之后固定木质搁板，最后摆放饰品。

主要材料及工艺

①马赛克

电视背景墙右侧墙面先涂刷黄色乳胶漆，之后固定成品石膏板造型，并用大理石胶粘贴马赛克，最后摆放饰品。

主要材料及工艺

①硬包

沙发背景墙先做基层或底板处理，根据设计图纸要求将硬包实际尺寸与造型落实到墙面上，之后计算用料、粘贴面料、安装贴脸或装饰边线，修整硬包墙面，最后安装饰品。

主要材料及工艺

①乳胶漆

将客厅墙面修整平整，并用石膏腻子将墙面找平，待其干燥后用砂纸打磨平整，然后用橡胶刮板再次刮腻子，接着涂1~3遍乳胶漆，最后安装饰品。

主要材料及工艺

①壁布

沙发背景墙用水泥砂浆找平，在墙面上满刮三遍腻子，用砂纸打磨光滑，刷一层基膜，用环保白乳胶配合专业壁纸粉将壁布粘贴在墙面上，之后安装饰品。

主要材料及工艺

①石膏板造型

沙发背景墙用轻钢龙骨做框架，大芯板做底材，之后用成品石膏板造型封面，最后摆放饰品。

主要材料及工艺

①壁纸；②镜面玻璃

沙发背景墙面用木工板做出凹凸造型，整个墙面满刮三遍腻子，用砂纸打磨光滑后刷一层基膜，用环保白乳胶将壁纸固定在墙面上，最后安装固定镜面玻璃及摆放饰品。

主要材料及工艺

①乳胶漆

将沙发背景墙修整平整，并用石膏腻子将墙面找平，待其干燥后用砂纸打磨平整，然后用橡胶刮板再次刮腻子，接着涂1~3遍乳胶漆，最后安装饰品。

主要材料及工艺

①乳胶漆

将沙发背景墙修整平整，并用石膏腻子将墙面找平，待其干燥后用砂纸打磨平整，然后用橡胶刮板再次刮腻子，接着涂1~3遍乳胶漆，最后安装饰品。

主要材料及工艺

①乳胶漆；②木质搁板

将沙发背景墙修整平整，并用石膏腻子将墙面找平，待其干燥后用砂纸打磨平整，然后用橡胶刮板再次刮腻子，接着涂1~3遍蓝色乳胶漆，之后固定木质搁板，最后摆放饰品。

主要材料及工艺

①乳胶漆；②红砖；③木质搁板

沙发背景墙上半部分涂刷乳胶漆，下半部分用水泥砂浆把红砖粘贴在原墙面上，之后用角磨机将红砖边角打磨平滑，然后固定木质搁板，最后摆放饰品。

主要材料及工艺

①壁纸

沙发背景墙用水泥砂浆找平，在墙面上满刮三遍腻子，用砂纸打磨光滑，刷一层基膜，用环保白乳胶配合专业壁纸粉将壁纸粘贴在墙面上，之后安装饰品。

主要材料及工艺

①乳胶漆

将沙发背景墙修整平整，并用石膏腻子将墙面找平，待其干燥后用砂纸打磨平整，然后用橡胶刮板再次刮腻子，接着涂1~3遍橘色乳胶漆，最后安装饰品。

主要材料及工艺

①乳胶漆

将沙发背景墙修整平整，并用石膏腻子将墙面找平，待其干燥后用砂纸打磨平整，然后用橡胶刮板再次刮腻子，接着涂1~3遍乳胶漆，最后安装饰品。

主要材料及工艺

①乳胶漆

将餐厅背景墙修整平整，并用石膏腻子将墙面找平，待其干燥后用砂纸打磨平整，然后用橡胶刮板再次刮腻子，接着涂1~3遍黄色乳胶漆，最后安装饰品。

主要材料及工艺

①壁纸

餐厅背景墙用水泥砂浆找平，在墙面上满刮三遍腻子，用砂纸打磨光滑，刷一层基膜，用环保白乳胶配合专业壁纸粉将壁纸粘贴在墙面上，之后安装饰品。

主要材料及工艺

①成品装饰架

餐厅与客厅之间摆放成品装饰架，之后将饰品摆放在装饰架上。

主要材料及工艺

①乳胶漆

将餐厅背景墙修整平整，并用石膏腻子将墙面找平，待其干燥后用砂纸打磨平整，然后用橡胶刮板再次刮腻子，接着涂1~3遍乳胶漆，最后安装饰品。

主要材料及工艺

①成品石膏板造型

餐厅背景墙用木龙骨做框架，大芯板做底材，表面用成品石膏板造型封面，最后安装饰品。

主要材料及工艺

①乳胶漆；②成品装饰架

将餐厅背景墙修整平整，并用石膏腻子将墙面找平，待其干燥后用砂纸打磨平整，然后用橡胶刮板再次刮腻子，接着涂1~3遍黄色乳胶漆，之后固定成品装饰架，最后摆放饰品。

主要材料及工艺

①乳胶漆

将餐厅背景墙修整平整，并用石膏腻子将墙面找平，待其干燥后用砂纸打磨平整，然后用橡胶刮板再次刮腻子，接着涂1~3遍黄色乳胶漆，最后安装饰品。

主要材料及工艺

①乳胶漆

将餐厅背景墙修整平整，并用石膏腻子将墙面找平，待其干燥后用砂纸打磨平整，然后用橡胶刮板再次刮腻子，接着涂1~3遍绿色乳胶漆，最后安装饰品。

主要材料及工艺

①乳胶漆

将餐厅背景墙修整平整，并用石膏腻子将墙面找平，待其干燥后用砂纸打磨平整，然后用橡胶刮板再次刮腻子，接着涂1~3遍乳胶漆，最后安装饰品。

主要材料及工艺

①乳胶漆；②墙裙

餐厅背景墙一部分涂刷乳胶漆，一部分干挂墙裙，最后安装饰品。

主要材料及工艺

①壁纸

餐厅背景墙用水泥砂浆找平，在墙面上满刮三遍腻子，用砂纸打磨光滑，刷一层基膜，用环保白乳胶配合专业壁纸粉将壁纸粘贴在墙面上，最后安装饰品。

主要材料及工艺

①乳胶漆

将餐厅背景墙修整平整，并用石膏腻子将墙面找平，待其干燥后用砂纸打磨平整，然后用橡胶刮板再次刮腻子，接着涂1~3遍灰色乳胶漆，最后安装饰品。

主要材料及工艺

①石材；②成品收纳架

按照设计图在墙面上确定贴石材的位置，用点挂的方式将订制好的大理石固定在墙面上，粘贴完毕用专业的勾缝剂填缝，之后安装成品收纳架，最后摆放饰品。

主要材料及工艺

①红砖

餐厅背景墙用水泥砂浆把红砖粘贴在原墙面上，之后用角磨机将红砖边角打磨平滑，接着安装成品收纳柜，最后摆放饰品。

主要材料及工艺

①硅酸钙板

餐厅背景墙面用硅酸钙板做出凹凸造型，之后涂刷乳胶漆，并固定玻璃搁架，最后摆放饰品。

主要材料及工艺

①乳胶漆

将餐厅背景墙修整平整，并用石膏腻子将墙面找平，待其干燥后用砂纸打磨平整，然后用橡胶刮板再次刮腻子，接着涂1~3遍蓝色乳胶漆，之后安装饰品。

主要材料及工艺

①护墙板

根据施工图上的尺寸，先在墙上画出水平标高，弹出分档线，加木橛或预先砌入木砖；之后安装木龙骨，再装钉护墙板，之后安装饰品。

主要材料及工艺

①壁纸

餐厅背景墙用水泥砂浆找平，在墙面上满刮三遍腻子，用砂纸打磨光滑，刷一层基膜，用环保白乳胶配合专业壁纸粉将壁纸粘贴在墙面上，最后安装饰品。

主要材料及工艺

①澳松板；②白乳胶

餐厅背景墙先用细木工板打底，然后在表面涂刷白乳胶贴上澳松板，并用排钉固定做造型；之后再将澳松板用排钉固定在内框缝隙处，同时涂刷白乳胶，最后整体刷三遍底漆两遍面漆。

主要材料及工艺

①壁纸；②木质搁架

卧室墙面用水泥砂浆找平，在墙面上满刮三遍腻子，用砂纸打磨光滑，刷一层基膜，用环保白乳胶配合专业壁纸粉将壁纸粘贴在墙面上，之后固定木质搁架，最后摆放饰品。

主要材料及工艺

①乳胶漆

将卧室背景墙修整平整，并用石膏腻子将墙面找平，待其干燥后用砂纸打磨平整，然后用橡胶刮板再次刮腻子，接着涂1~3遍绿色乳胶漆，最后安装成品饰品框。

主要材料及工艺

①实木板造型

卧室背景墙用木龙骨做框架，大芯板做底材，表面贴装实木板造型，之后安装饰品。

主要材料及工艺

①壁纸；②壁毯

卧室背景墙用水泥砂浆找平，在墙面上满刮三遍腻子，用砂纸打磨光滑，刷一层基膜，用环保白乳胶配合专业壁纸粉将壁纸粘贴在墙面上，最后挂装壁毯。

主要材料及工艺

①乳胶漆；②木质搁架

将卧室背景墙修整平整，并用石膏腻子将墙面找平，待其干燥后用砂纸打磨平整，然后用橡胶刮板再次刮腻子，接着涂1~3遍绿色乳胶漆，之后安装木质搁架，最后摆放饰品。

主要材料及工艺

①乳胶漆；②挂钩

将卧室背景墙修整平整，并用石膏腻子将墙面找平，待其干燥后用砂纸打磨平整，然后用橡胶刮板再次刮腻子，接着涂1~3遍绿色乳胶漆，之后粘贴挂钩，并悬挂饰品包。

主要材料及工艺

①壁纸；②帷幔

卧室背景墙用水泥砂浆找平，在墙面上满刮三遍腻子，用砂纸打磨光滑，刷一层基膜，用环保白乳胶配合专业壁纸粉将壁纸粘贴在墙面上，最后安装帷幔及装饰画。

主要材料及工艺

①镜面玻璃；②饰面板

卧室背景墙一部分干挂镜面玻璃，后用膨胀螺栓固定，一部分贴饰面板，最后安装饰品。

主要材料及工艺

①乳胶漆

将卧室背景墙修整平整，并用石膏腻子将墙面找平，待其干燥后用砂纸打磨平整，然后用橡胶刮板再次刮腻子，接着涂1~3遍红色乳胶漆，最后安装饰品。

主要材料及工艺

①护墙板

根据施工图上的尺寸，先在卧室墙上画出水平标高，弹出分档线，加木橛或预先砌入木砖；之后安装木龙骨，再装钉护墙板，最后安装饰品。

主要材料及工艺

①乳胶漆

将书房墙面修整平整，并用石膏腻子将墙面找平，待其干燥后用砂纸打磨平整，然后用橡胶刮板再次刮腻子，接着涂1~3遍乳胶漆，最后安装饰品。

主要材料及工艺

①仿古砖

按照设计图在墙面上确定贴仿古砖的位置，用点挂的方式将订制好的仿古砖固定在墙面上，粘贴完毕用专业的勾缝剂填缝，最后安装饰品。

主要材料及工艺

①壁纸

休闲区用水泥砂浆找平，在墙面上满刮三遍腻子，用砂纸打磨光滑，刷一层基膜，用环保白乳胶配合专业壁纸粉将壁纸粘贴在墙面上，最后安装饰品。

主要材料及工艺

①乳胶漆；②仿古砖

卫浴墙面一部分涂刷乳胶漆，一部分
按照设计图在墙面上确定贴仿古砖的
位置，用点挂的方式将订制好的仿古
砖固定在墙面上，粘贴完毕用专业的
勾缝剂填缝，最后安装饰品。

主要材料及工艺

①乳胶漆

将过道墙面修整平整，并用石膏腻子
将墙面找平，待其干燥后用砂纸打磨
平整，然后用橡胶刮板再次刮腻子，
接着涂1~3遍绿色乳胶漆，最后安装
饰品。

主要材料及工艺

①硅藻泥；②成品装饰架

过道墙面用硅藻泥打底抹平墙面，快要
干时再抹第二遍面层，之后用专用工具
在墙体表面作出肌理，并用收光抹子收
光，然后摆放成品装饰架及饰品。

主要材料及工艺

①乳胶漆；②成品装饰框

过道墙面用木工板在墙面上做出凹凸造型，之后涂刷乳胶漆，并固定成品装饰框，最后摆放饰品。

主要材料及工艺

①红砖；②木质搁板

过道墙面用水泥砂浆把红砖粘贴在原墙面上，之后用角磨机将红砖边角打磨平滑，并涂刷乳胶漆，接着固定木质搁板，最后摆放饰品。

主要材料及工艺

①壁纸；②成品装饰柜

过道背景墙用水泥砂浆找平，在墙面上满刮三遍腻子，用砂纸打磨光滑，刷一层基膜，用环保白乳胶配合专业壁纸粉将壁纸粘贴在墙面上，之后固定成品装饰柜，最后摆放饰品。

主要材料及工艺

①乳胶漆；②成品装饰柜

玄关将墙面修整平整，并用石膏腻子将墙面找平，待其干燥后用砂纸打磨平整，然后用橡胶刮板再次刮腻子，接着涂 1~3 遍乳胶漆，最后摆放成品装饰柜及饰品。

主要材料及工艺

①乳胶漆

将过道墙面修整平整，并用石膏腻子将墙面找平，待其干燥后用砂纸打磨平整，然后用橡胶刮板再次刮腻子，接着涂1~3遍乳胶漆，最后安装饰品。

主要材料及工艺

①饰面板

居室墙面用木龙骨做框架，大芯板做底材，表面贴装饰饰面板，并刷面漆，最后摆放饰品。

主要材料及工艺

①乳胶漆

将居室墙面修整平整，并用石膏腻子将墙面找平，待其干燥后用砂纸打磨平整，然后用橡胶刮板再次刮腻子，接着涂1~3遍乳胶漆，最后安装饰品。

主要材料及工艺

①乳胶漆

将居室墙面修整平整，并用石膏腻子将墙面找平，待其干燥后用砂纸打磨平整，然后用橡胶刮板再次刮腻子，接着涂1~3遍乳胶漆，最后安装饰品。

主要材料及工艺

①文化石

先将文化石背部浸湿，在背部中央涂抹黏结剂，并与墙面黏结，之后悬挂饰品。

主要材料及工艺

①爵士白大理石

过道墙面用硅酸钙板做出凹凸造型，周边用干挂的方式固定爵士白大理石，最后将饰品摆放在搁架上。

植物墙

　　植物墙是指用绿色植物编织成的墙体，可以根据不同的环境要求，设计出造型各异、高低错落、环境和谐的墙体造型。植物墙不仅需要经过精心设计及培植来为居室带来葱茏的绿意，也可以和灯具、家具相搭配，从而创造出更加美观的墙面。此外，植物墙还具有能阻隔大量光热辐射，夏季可使居室内部温度降低 7~15℃ ，冬季则可使室内保持恒温的作用。

主要材料及工艺

①壁纸

客厅背景墙用水泥砂浆找平，在墙面上满刮三遍腻子，用砂纸打磨光滑，刷一层基膜，用环保白乳胶配合专业壁纸粉将壁纸粘贴在墙面上，之后摆放铁艺架及绿植。

主要材料及工艺

①红砖；②成品实木框

电视背景墙用水泥砂浆把红砖粘贴在原墙面上，之后用角磨机将红砖边角打磨平滑，最后固定成品实木框。

主要材料及工艺

①乳胶漆；②壁纸；③木质搁架

电视背景墙中间部分涂刷乳胶漆，两侧墙面用壁纸胶把装饰壁纸粘贴在大芯板底材上，之后固定木质搁架。

主要材料及工艺

①乳胶漆；②木质搁架

电视背景墙面用木工板做出凹凸造型，之后涂刷乳胶漆，固定木质搁板，并摆放饰品及绿植。

主要材料及工艺

①乳胶漆；②木质搁架

将沙发背景墙修整平整，并用石膏腻子将墙面找平，待其干燥后用砂纸打磨平整，然后用橡胶刮板再次刮腻子，接着涂1~3遍乳胶漆，之后固定木质搁架。

主要材料及工艺

①壁纸

沙发背景墙用水泥砂浆找平，在墙面上满刮三遍腻子，用砂纸打磨光滑，刷一层基膜，用环保白乳胶配合专业壁纸粉将壁纸粘贴在墙面上。

主要材料及工艺

①文化石

客厅墙面的塑造是将文化石背部浸湿，在背部中央涂抹黏结剂，先铺贴转角再以转角石水平线为基准贴平面石，然后放置绿植。

主要材料及工艺

①乳胶漆

将居室墙面修整平整，并用石膏腻子将墙面找平，待其干燥后用砂纸打磨平整，然后用橡胶刮板再次刮腻子，接着涂1~3遍乳胶漆，最后安装花饰。

主要材料及工艺

①饰面板

居室墙面用木龙骨做框架，大芯板做底材，表面贴饰面板，并涂刷乳胶漆，最后安装花饰。

主要材料及工艺

①实木装饰板

居室墙面用木板钉将成品实木装饰板固定在墙面上，之后安装花饰。

主要材料及工艺

①金箔纸

居室墙面用水泥砂浆找平，在墙面上满刮三遍腻子，用砂纸打磨光滑，刷一层基膜，用环保白乳胶配合专业壁纸粉将金箔纸粘贴在墙面上，之后摆放铁艺架及绿植。

主要材料及工艺

①乳胶漆

将居室墙面修整平整，并用石膏腻子将墙面找平，待其干燥后用砂纸打磨平整，然后用橡胶刮板再次刮腻子，接着涂1~3遍乳胶漆，最后固定装饰绿植。

主要材料及工艺

①饰面板；②木质搁架

居室背景墙用木龙骨做框架，大芯板做底材，表面贴饰面板，之后固定木质搁架，并摆放装饰绿植。

主要材料及工艺

①乳胶漆

将居室墙面修整平整，并用石膏腻子将墙面找平，待其干燥后用砂纸打磨平整，然后用橡胶刮板再次刮腻子，接着涂1~3遍乳胶漆，最后固定装饰绿植。

主要材料及工艺

①石材

将带有青苔植物的石材排列整齐，用结构胶将石材粘贴在相应的位置上，在石材表面加一个铁丝网将藤蔓植物挂在铁丝网上。

主要材料及工艺

①乳胶漆

将餐厅墙面修整平整，并用石膏腻子将墙面找平，待其干燥后用砂纸打磨平整，然后用橡胶刮板再次刮腻子，接着涂 1~3 遍乳胶漆，最后固定装饰绿植。

主要材料及工艺

①实木板造型

玄关墙面用木龙骨做框架，大芯板做底材，之后干挂实木板造型，最后固定装饰绿植。

主要材料及工艺

①丙烯颜料

过道墙面用水泥砂浆找平，满刮三遍腻子，用砂纸打磨光滑，刷底漆一遍，面漆两遍，用丙烯颜料按设计图的图案手绘在墙面上，之后固定装饰品及绿植。

主要材料及工艺

①乳胶漆；②木制格栅

玄关墙面先涂刷乳胶漆，之后用木板钉固定木制格栅，最后悬挂绿植。

主要材料及工艺

①乳胶漆；②木质搁架

将阳台墙面修整平整，并用石膏腻子将墙面找平，待其干燥后用砂纸打磨平整，然后用橡胶刮板再次刮腻子，接着涂1~3遍乳胶漆，之后固定木质搁架，最后摆放绿植。

主要材料及工艺

①乳胶漆

将过道墙面修整平整，并用石膏腻子将墙面找平，待其干燥后用砂纸打磨平整，然后用橡胶刮板再次刮腻子，接着涂1~3遍乳胶漆，之后固定装饰绿植。

主要材料及工艺

①乳胶漆；②木制格栅

过道墙面先涂刷乳胶漆，之后用木板钉固定木制格栅，最后悬挂绿植。

主要材料及工艺

①乳胶漆；②木质搁架

将过道墙面修整平整，并用石膏腻子将墙面找平，待其干燥后用砂纸打磨平整，然后用橡胶刮板再次刮腻子，接着涂1~3遍绿色乳胶漆，之后固定木质搁架，最后摆放绿植。

主要材料及工艺

①丙烯颜料；②栅栏

过道墙面用水泥砂浆找平，满刮三遍腻子，用砂纸打磨光滑，刷底漆一遍，面漆两遍，用丙烯颜料按设计图的图案手绘在墙面上，之后固定栅栏及绿植。

主要材料及工艺

①实木板造型

居室墙面用木龙骨做框架，大芯板做底材，表面干挂实木板造型，并涂刷乳胶漆，之后固定装饰绿植。

主要材料及工艺

①木质格栅

阳台一侧固定成品木质格栅，之后将绿植悬挂在格栅上。

主要材料及工艺

①木质格栅

阳台墙面现场固定成品木质格栅,之后将绿植悬挂在格栅上。

主要材料及工艺

①铁艺格栅

阳台墙面现场固定成品铁艺格栅,之后将绿植悬挂在格栅上。

主要材料及工艺

①木质搁板

阳台墙面将木质搁板固定在实墙上,之后摆放绿植。

主要材料及工艺

①实木板造型；②木质搁架

阳台墙面用木龙骨做框架，大芯板做底材，表面干挂实木板造型，之后固定木质搁架，最后摆放绿植。

主要材料及工艺

①木质格栅

阳台墙面现场固定成品木质格栅，之后将绿植悬挂在格栅上。

主要材料及工艺

①饰面板

阳台墙面用木龙骨做框架，大芯板做底材，表面贴饰面板，之后固定绿植。

主要材料及工艺

①黄色乳胶漆；②成品装饰架

将阳台墙面修整平整，并用石膏腻子将墙面找平，待其干燥后用砂纸打磨平整，然后用橡胶刮板再次刮腻子，接着涂 1~3 遍黄色乳胶漆，之后固定成品装饰架，最后摆放绿植。

主要材料及工艺

①成品木质装饰架

现场将成品木质装饰架摆放在阳台上，之后搁置绿植。

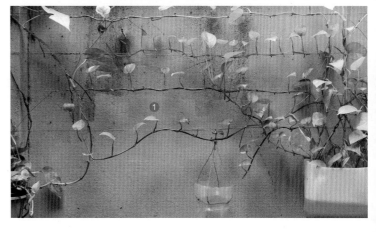

主要材料及工艺

①室外乳胶漆

阳台墙面可采用刷涂、辊涂和喷涂等工艺涂刷室外乳胶漆，之后悬挂铁丝，固定绿植。

主要材料及工艺

①釉面砖；②成品实木装饰架

阳台墙面采用湿贴的方式将釉面砖粘贴在墙面上，之后固定成品实木装饰架，最后摆放绿植。

主要材料及工艺

①桑拿板

在毛坯墙上钉上平整的细木工板，然后将桑拿板依次排列用水泥钉全部固定好，加上边框，做好钉眼的防锈处理，在木材上刷清漆，之后培育绿植。

主要材料及工艺

①成品木质装饰架

现场将成品木质装饰架摆放在阳台上，之后悬挂绿植。

113

主要材料及工艺

①桑拿板

在毛坯墙上钉上平整的细木工板，然后将桑拿板依次排列用水泥钉全部固定好，加上边框，做好钉眼的防锈处理，在木材上刷清漆，之后培育绿植。

主要材料及工艺

①室外乳胶漆

阳台墙面可采用刷涂、辊涂和喷涂等工艺涂刷室外乳胶漆，之后培育绿植。

主要材料及工艺

①天然板材

将天然板材固定在阳台上，之后培育绿植。

主要材料及工艺

①粗砂

1:2 的粗砂加白水泥掺 108 胶涂刷在毛坯墙上，待水分蒸发百分之五十，用软毛刷加清水在墙面上冲刷，待露出颗粒石子即可，然后用白水泥在石子上涂刷，做出不规则的纹理。

主要材料及工艺

①室外乳胶漆

阳台墙面可采用刷涂、辊涂和喷涂等工艺涂刷室外乳胶漆，之后固定绿植盆栽。

主要材料及工艺

①桑拿板

在毛坯墙上钉上平整的细木工板，然后将桑拿板依次排列用水泥钉全部固定好，加上边框，做好钉眼的防锈处理，在木材上刷清漆即可。

主要材料及工艺

①桑拿板

在毛坯墙上钉上平整的细木工板，然后将桑拿板依次排列用水泥钉全部固定好，加上边框，做好钉眼的防锈处理，在木材上刷清漆即可。

主要材料及工艺

①桑拿板

在毛坯墙上钉上平整的细木工板，然后将桑拿板依次排列用水泥钉全部固定好，加上边框，做好钉眼的防锈处理，在木材上刷清漆即可。

主要材料及工艺

①红砖

阳台墙面用水泥砂浆把红砖粘贴在原墙面上，之后用角磨机将红砖边角打磨平滑，最后固定花饰绿植。

主要材料及工艺

①室外乳胶漆

阳台墙面可采用刷涂、辊涂和喷涂等工艺涂刷室外乳胶漆，之后摆放装饰梯，固定绿植。

主要材料及工艺

①实木板造型

阳台墙面用木龙骨做框架，大芯板做底材，表面干挂实木板造型，并涂刷乳胶漆，固定木质搁架，最后摆放、悬挂绿植。

主要材料及工艺

①粗砂

1:2 的粗砂加白水泥掺 108 胶涂刷在毛坯墙上，待水分蒸发百分之五十，用软毛刷加清水在墙面上冲刷，待露出颗粒石子即可，然后用白水泥在石子上涂刷，做出不规则的纹理。

主要材料及工艺

①桑拿板

在毛坯墙上钉上平整的细木工板，然后将桑拿板依次排列用水泥钉全部固定好，加上边框，做好钉眼的防锈处理，在木材上刷清漆，之后固定装饰花盆、培育绿植。

主要材料及工艺

①粗砂

1:2 的粗砂加白水泥掺 108 胶涂刷在毛坯墙上，待水分蒸发百分之五十，用软毛刷加清水在墙面上冲刷，待露出颗粒石子即可，然后用白水泥在石子上涂刷，做出不规则的纹理，之后固定装饰花架、培育绿植。

主要材料及工艺

①室外乳胶漆

阳台墙面先用木工板做出凹凸造型，之后涂刷室外涂胶漆，最后摆放绿植花卉。

主要材料及工艺

①粗砂

1:2 的粗砂加白水泥掺 108 胶涂刷在毛坯墙上，待水分蒸发百分之五十，用软毛刷加清水在墙面上冲刷，待露出颗粒石子即可，然后用白水泥在石子上涂刷，做出不规则的纹理，之后或悬挂、或摆放绿植。

主要材料及工艺

①桑拿板

在毛坯墙上钉上平整的细木工板，然后将桑拿板依次排列用水泥钉全部固定好，加上边框，做好钉眼的防锈处理，在木材上刷清漆，最后悬挂绿植。

主要材料及工艺

①粗砂

1:2 的粗砂加白水泥掺 108 胶涂刷在毛坯墙上，待水分蒸发百分之五十，用软毛刷加清水在墙面上冲刷，待露出颗粒石子即可，然后用白水泥在石子上涂刷，做出不规则的纹理，之后固定绿植。

主要材料及工艺

①室外乳胶漆

墙面可采用刷涂、辊涂和喷涂等工艺涂刷橘粉色室外乳胶漆，之后在墙体花盆中培育绿植花卉。

主要材料及工艺

①木质格栅

将木质格栅固定在阳台墙面上，之后培育绿植。

主要材料及工艺

①桑拿板

在毛坯墙上钉上平整的细木工板，然后将桑拿板依次排列用水泥钉全部固定好，加上边框，做好钉眼的防锈处理，在木材上刷清漆，最后固定装饰花盆，培育绿植。

主要材料及工艺

①室外乳胶漆；②木质格栅

阳台墙面可采用刷涂、辊涂和喷涂等工艺涂刷室外乳胶漆，之后固定木质格栅，培育绿植。

主要材料及工艺

①粗砂

1:2 的粗砂加白水泥掺 108 胶涂刷在毛坯墙上，待水分蒸发百分之五十，用软毛刷加清水在墙面上冲刷，待露出颗粒石子即可，然后用白水泥在石子上涂刷，做出不规则的纹理。

收纳墙

    如今在家居中如何做好收纳，成为人们越来越关注的问题，因为良好的收纳可以使居室呈现出素洁的容颜，从而提升居者的居住幸福感。收纳工作除了利用独立款式的大块头家具完成外，还可适当选择一些灵活的小家具和壁柜，向墙面要空间，把能利用的空白墙面尽量加以利用，让其成为好用的收纳空间。比如，可以在墙面上设计搁架，或者将收纳柜与墙体相结合，从而为居室打造出一面既美观又实用的收纳墙。

主要材料及工艺

①乳胶漆

将客厅墙面修整平整，并用石膏腻子将墙面找平，待其干燥后用砂纸打磨平整，然后用橡胶刮板再次刮腻子，接着涂1~3遍乳胶漆，之后现场安装成品收纳柜。

主要材料及工艺

①成品装饰柜

现场将成品装饰柜固定在电视背景墙上。

主要材料及工艺

①饰面板

沙发背景墙用木龙骨做框架，大芯板做底材，表面贴饰面板，之后现场安装成品收纳柜。

主要材料及工艺

①乳胶漆

将电视背景墙修整平整，并用石膏腻子将墙面找平，待其干燥后用砂纸打磨平整，然后用橡胶刮板再次刮腻子，接着涂1~3遍乳胶漆，之后现场安装成品收纳柜。

主要材料及工艺

①乳胶漆

将客厅墙面修整平整，并用石膏腻子将墙面找平，待其干燥后用砂纸打磨平整，然后用橡胶刮板再次刮腻子，接着涂1~3遍黑色乳胶漆，之后现场安装成品收纳柜。

主要材料及工艺

①乳胶漆；②木质搁架

将客厅墙面修整平整，并用石膏腻子将墙面找平，待其干燥后用砂纸打磨平整，然后用橡胶刮板再次刮腻子，接着涂1~3遍白色乳胶漆，之后固定木质搁架。

主要材料及工艺

①木工板；②银镜

沙发背景墙用木工板做出凹凸造型，收边线条贴装饰面板后刷油漆，用玻璃胶将银镜固定在底板上。

主要材料及工艺

①乳胶漆

将沙发背景墙修整平整，并用石膏腻子将墙面找平，待其干燥后用砂纸打磨平整，然后用橡胶刮板再次刮腻子，接着涂1~3遍蓝色乳胶漆，之后现场安装成品收纳柜。

主要材料及工艺

①乳胶漆；②细木条

沙发背景墙先涂刷乳胶漆，之后用专用胶把细木条粘贴在墙面上，之后现场安装成品收纳柜。

主要材料及工艺

①青砖

客厅墙面用水泥砂浆把青砖粘贴在原墙面上，之后用角磨机将青砖边角打磨平滑，最后现场安装成品收纳柜。

主要材料及工艺

①乳胶漆

沙发背景墙用木工板做出凹凸造型，之后涂刷乳胶漆即可。

主要材料及工艺

①乳胶漆

将客厅墙面修整平整，并用石膏腻子将墙面找平，待其干燥后用砂纸打磨平整，然后用橡胶刮板再次刮腻子，接着涂1~3遍乳胶漆，之后现场安装成品收纳柜。

主要材料及工艺

①成品收纳柜

将客厅墙面修整平整，并用石膏腻子将墙面找平，待其干燥后用砂纸打磨平整，然后用橡胶刮板再次刮腻子，接着涂1~3遍乳胶漆，之后现场安装成品收纳柜。

主要材料及工艺

①饰面板

沙发背景墙用木龙骨做框架，大芯板做底材，表面贴饰面板，之后现场安装成品收纳柜。

主要材料及工艺

①成品收纳柜

将客厅墙面修整平整，并用石膏腻子将墙面找平，待其干燥后用砂纸打磨平整，然后用橡胶刮板再次刮腻子，接着涂1~3遍乳胶漆，之后现场安装成品收纳柜。

主要材料及工艺

①壁纸

沙发背景墙用水泥砂浆找平，在墙面上满刮三遍腻子，用砂纸打磨光滑，刷一层基膜，用环保白乳胶配合专业壁纸粉将壁纸粘贴在墙面上，之后固定成品装饰架。

主要材料及工艺

①成品收纳柜

将客厅墙面修整平整，并用石膏腻子将墙面找平，待其干燥后用砂纸打磨平整，然后用橡胶刮板再次刮腻子，接着涂 1~3 遍乳胶漆，之后现场安装成品收纳柜。

主要材料及工艺

①壁纸

客厅墙面用水泥砂浆找平，在墙面上满刮三遍腻子，用砂纸打磨光滑，刷一层基膜，用环保白乳胶配合专业壁纸粉将壁纸粘贴在墙面上，之后固定成品收纳柜。

主要材料及工艺

①成品收纳柜

将客厅墙面修整平整，并用石膏腻子将墙面找平，待其干燥后用砂纸打磨平整，然后用橡胶刮板再次刮腻子，接着涂1~3遍蓝色乳胶漆，之后现场安装成品收纳柜。

主要材料及工艺

①木工板

客厅墙面用木工板做出凹凸造型，并涂刷乳胶漆。

主要材料及工艺

①成品收纳柜

将客厅墙面修整平整，并用石膏腻子将墙面找平，待其干燥后用砂纸打磨平整，然后用橡胶刮板再次刮腻子，接着涂1~3遍蓝色乳胶漆，之后现场安装成品收纳柜。

主要材料及工艺

①护墙板

根据施工图上的尺寸，先在墙上画出水平标高，弹出分档线，加木橛或预先砌入木砖，之后安装木龙骨，再装钉护墙板，之后现场安装成品收纳柜。

主要材料及工艺

①成品收纳柜

将客厅墙面修整平整，并用石膏腻子将墙面找平，待其干燥后用砂纸打磨平整，然后用橡胶刮板再次刮腻子，接着涂1~3遍乳胶漆，之后现场安装成品收纳柜。

主要材料及工艺

①饰面板

客厅墙面用木龙骨做框架，大芯板做底材，表面贴饰面板，之后固定成品收纳柜。

主要材料及工艺

①壁纸

客厅墙面用水泥砂浆找平，在墙面上满刮三遍腻子，用砂纸打磨光滑，刷一层基膜，用环保白乳胶配合专业壁纸粉将壁纸粘贴在墙面上，之后现场安装成品收纳柜。

主要材料及工艺

①乳胶漆

将餐厅墙面修整平整，并用石膏腻子将墙面找平，待其干燥后用砂纸打磨平整，然后用橡胶刮板再次刮腻子，接着涂1~3遍乳胶漆，之后现场安装成品收纳柜。

主要材料及工艺

①烤漆玻璃

餐厅背景墙表面用玻璃连接件将烤漆玻璃与墙面固定，之后固定成品收纳框架。

主要材料及工艺

①澳松板

将18澳松板的尺寸确定好，先搭好格子，用钉子固定，然后在格子背面的墙上贴上壁纸，顺序确定好后，在格子上喷涂黑色乳胶漆，待晾干后将格子固定在相应的框中。

主要材料及工艺

①镜面玻璃

餐厅背景墙表面用玻璃连接件将镜面玻璃与墙面固定，之后固定成品收纳框架。

主要材料及工艺

①成品收纳柜

在客厅与餐厅之间现场安装固定成品收纳柜。

主要材料及工艺

①乳胶漆

将餐厅墙面修整平整，并用石膏腻子将墙面找平，待其干燥后用砂纸打磨平整，然后用橡胶刮板再次刮腻子，接着涂 1~3 遍乳胶漆，之后现场安装成品收纳柜。

主要材料及工艺

①木工板

餐厅墙面用木工板做出凹凸造型，并涂刷乳胶漆。

主要材料及工艺

①乳胶漆

将餐厅墙面修整平整，并用石膏腻子将墙面找平，待其干燥后用砂纸打磨平整，然后用橡胶刮板再次刮腻子，接着涂 1~3 遍乳胶漆，之后现场安装成品收纳柜。

主要材料及工艺

①红砖

餐厅墙面用水泥砂浆把红砖粘贴在原墙面上，之后用角磨机将红砖边角打磨平滑，最后涂刷乳胶漆，并做嵌入式收纳柜。

主要材料及工艺

①成品收纳柜

餐厅墙面用木龙骨做框架，大芯板做底材，之后现场固定成品收纳柜。

主要材料及工艺

①壁布

餐厅墙面用水泥砂浆找平，在墙面上满刮三遍腻子，用砂纸打磨光滑，刷一层基膜，用环保白乳胶配合专业壁纸粉将壁布粘贴在墙面上，之后现场安装成品收纳架。

主要材料及工艺

①成品收纳柜；②马赛克

餐厅墙面用木龙骨做框架，大芯板做底材，之后现场固定成品收纳柜；中间部分用大理石胶粘贴马赛克瓷砖，并固定装饰镜子。

主要材料及工艺

①成品收纳柜

餐厅墙面用木龙骨做框架，大芯板做底材，之后现场固定成品收纳柜。

主要材料及工艺

①乳胶漆

将餐厅墙面修整平整，并用石膏腻子将墙面找平，待其干燥后用砂纸打磨平整，然后用橡胶刮板再次刮腻子，接着涂1~3遍乳胶漆，之后现场安装成品收纳柜。

主要材料及工艺

①壁纸

餐厅背景墙面用木工板做出凹凸造型，用装饰面板贴面后上油漆。贴壁纸的基层需满刮腻子，打磨光滑后刷一层基膜，用环保白乳胶进行施工。

主要材料及工艺

①壁纸；②木质搁板

餐厅背景墙用水泥砂浆找平，在墙面上满刮三遍腻子，用砂纸打磨光滑，刷一层基膜，用环保白乳胶配合专业壁纸粉将壁纸粘贴在墙面上，之后固定木质搁板。

主要材料及工艺

①木质搁板；②乳胶漆

餐厅背景墙面用木工板做出凹凸造型，并固定木质搁板；其余部分将墙面修整平整，并用石膏腻子将墙面找平，待其干燥后用砂纸打磨平整，然后用橡胶刮板再次刮腻子，接着涂1~3遍乳胶漆。

主要材料及工艺

①红砖

餐厅背景墙一部分用木工板做出凹凸造型，一部分用水泥砂浆把红砖粘贴在原墙面上，之后用角磨机将红砖边角打磨平滑。

主要材料及工艺

①木质搁板

餐厅背景墙用木工板做出凹凸造型，之后固定木质搁板及成品装饰柜。

主要材料及工艺

①木质搁板

餐厅背景墙用木工板做出凹凸造型，之后固定木质搁板。

主要材料及工艺

①壁纸；②木质搁板

卧室背景墙用木工板做出凹凸造型，之后固定木质搁板；贴壁纸的基层需满刮腻子，打磨光滑后刷一层基膜，用环保白乳胶进行施工。

主要材料及工艺

①成品收纳柜

将卧室墙面修整平整，之后现场安装成品收纳柜。

主要材料及工艺

①成品收纳柜；②壁纸

将卧室墙面修整平整，之后现场安装成品收纳柜；贴壁纸的基层需满刮腻子，打磨光滑后刷一层基膜，用环保白乳胶进行施工。

主要材料及工艺

①釉面砖

按照设计图在墙面上确定贴仿古砖的位置，用点挂的方式将订制好的仿古砖固定在墙面上，粘贴完毕用专业的勾缝剂填缝；之后固定铁艺挂物杆。

主要材料及工艺

①釉面砖

按照设计图在墙面上确定贴釉面砖的位置，用点挂的方式将订制好的釉面砖固定在墙面上，粘贴完毕用专业的勾缝剂填缝；之后固定铁艺挂物杆。

主要材料及工艺

①釉面砖

按照设计图在墙面上确定贴釉面砖的位置，用点挂的方式将订制好的釉面砖固定在墙面上，粘贴完毕用专业的勾缝剂填缝；之后固定铁艺挂物杆。

主要材料及工艺

①饰面板；②澳松板

书房墙面用木工板做出凹凸造型，用装饰面板贴面后上油漆，之后将18澳松板的尺寸确定好，搭好格子用钉子固定；其余墙面涂刷乳胶漆。

主要材料及工艺

①成品书架；②红砖

书房墙面一部分现场安装成品书架，一部分用水泥砂浆把红砖粘贴在原墙面上，之后用角磨机将红砖边角打磨平滑。

主要材料及工艺

①成品书架；②壁纸

书房墙面一部分现场安装成品书架；贴壁纸的基层需满刮腻子，打磨光滑后刷一层基膜，用环保白乳胶进行施工。

主要材料及工艺

①乳胶漆

书房墙面一部分现场安装成品书架；其余墙面修整平整，并用石膏腻子将墙面找平，待其干燥后用砂纸打磨平整，然后用橡胶刮板再次刮腻子，接着涂1~3遍乳胶漆。

主要材料及工艺

①壁纸；②文化石；③木质
搁架

书房墙面先用专业的壁纸粉
粘贴壁纸，之后将文化石背
部浸湿，在背部中央涂抹黏
结剂和墙面进行粘贴，同时
固定木质搁架。

主要材料及工艺

①乳胶漆；②成品收纳架

将书房墙面修整平整，并用
石膏腻子将墙面找平，待其
干燥后用砂纸打磨平整，然
后用橡胶刮板再次刮腻子，
接着涂1~3遍乳胶漆，之
后固定成品收纳架。

主要材料及工艺

①壁纸；②木质搁板

书房背景墙用水泥砂浆找
平，在墙面上满刮三遍腻
子，用砂纸打磨光滑，刷一
层基膜，用环保白乳胶配合
专业壁纸粉将壁纸粘贴在墙
面上，之后固定木质搁板。

主要材料及工艺

①金箔纸；②木质搁板

书房墙面用水泥砂浆找平，在墙面上满刮三遍腻子，用砂纸打磨光滑，刷一层基膜，用环保白乳胶配合专业壁纸粉将金箔纸粘贴在墙面上，之后固定木质搁板。

主要材料及工艺

①乳胶漆

将书房墙面修整平整，并用石膏腻子将墙面找平，待其干燥后用砂纸打磨平整，然后用橡胶刮板再次刮腻子，接着涂1~3遍乳胶漆，之后固定成品收纳架。

主要材料及工艺

①石膏板造型

书房墙面用木工板做出凹凸造型，之后固定石膏板造型。

主要材料及工艺

①乳胶漆；②成品收纳柜

将书房墙面修整平整，并用石膏腻子将墙面找平，待其干燥后用砂纸打磨平整，然后用橡胶刮板再次刮腻子，接着涂1~3遍乳胶漆，并固定成品收纳柜。

主要材料及工艺

①成品收纳柜

将书房墙面修整平整，之后现场安装成品收纳柜。

主要材料及工艺

①成品收纳柜

将书房墙面修整平整，之后现场安装成品收纳柜。

主要材料及工艺

①壁纸

书房背景墙用水泥砂浆找平，在墙面上满刮三遍腻子，用砂纸打磨光滑，刷一层基膜，用环保白乳胶配合专业壁纸粉将壁纸粘贴在墙面上，之后现场安装成品收纳柜。

主要材料及工艺

①壁纸；②木质搁架

书房背景墙用水泥砂浆找平，在墙面上满刮三遍腻子，用砂纸打磨光滑，刷一层基膜，用环保白乳胶配合专业壁纸粉将壁纸粘贴在墙面上，之后固定木质搁架。

主要材料及工艺

①壁纸

书房一部分墙面用专业壁纸粉粘贴壁纸，之后现场安装成品收纳柜。

主要材料及工艺

①收纳书柜

根据设计图纸将订制好的收纳书柜进行现场安装。

主要材料及工艺

①乳胶漆；②成品收纳柜

将书房墙面修整平整，并用石膏腻子将墙面找平，待其干燥后用砂纸打磨平整，然后用橡胶刮板再次刮腻子，接着涂1~3遍乳胶漆，并固定成品收纳柜。

主要材料及工艺

①成品收纳柜

将书房墙面修整平整，之后现场安装成品收纳柜。

主要材料及工艺

①壁纸

书房背景墙用水泥砂浆找平，在墙面上满刮三遍腻子，用砂纸打磨光滑，刷一层基膜，用环保白乳胶配合专业壁纸粉将壁纸粘贴在墙面上，之后现场安装成品收纳柜。

主要材料及工艺

①成品收纳柜

将书房墙面修整平整，之后现场安装成品收纳柜。

主要材料及工艺

①壁纸；②木质搁板

书房背景墙用水泥砂浆找平，在墙面上满刮三遍腻子，用砂纸打磨光滑，刷一层基膜，用环保白乳胶配合专业壁纸粉将壁纸粘贴在墙面上，之后固定木质搁板。

主要材料及工艺

①木工板

玄关墙面用木工板做出弧线造型，并设计出收纳格。

主要材料及工艺

①米黄色乳胶漆；②护墙板

玄关墙面一部分涂刷米黄色乳胶漆，一部分装钉护墙板及成品收纳柜。

主要材料及工艺

①木质搁板

过道墙面用木工板做出凹凸造型，并固定木质搁板。

主要材料及工艺

①成品收纳柜

过道墙面用木工板做出凹凸造型，并固定成品收纳柜。

主要材料及工艺

①乳胶漆；②成品收纳柜

将过道墙面修整平整，并用石膏腻子将墙面找平，待其干燥后用砂纸打磨平整，然后用橡胶刮板再次刮腻子，接着涂1~3遍乳胶漆，并固定成品收纳柜。

主要材料及工艺

①护墙板；②成品收纳柜

根据施工图上的尺寸，先在墙上画出水平标高，弹出分档线，加木橛或预先砌入木砖；之后安装木龙骨，再装钉护墙板，并固定成品收纳柜。

主要材料及工艺

①乳胶漆；②成品收纳柜

将过道墙面修整平整，并用石膏腻子将墙面找平，待其干燥后用砂纸打磨平整，然后用橡胶刮板再次刮腻子，接着涂1~3遍乳胶漆，并固定成品收纳柜。

主要材料及工艺

①壁纸

过道墙面用水泥砂浆找平，在墙面上满刮三遍腻子，用砂纸打磨光滑，刷一层基膜，用环保白乳胶配合专业壁纸粉将壁纸粘贴在墙面上，之后现场安装成品收纳柜。

主要材料及工艺

①乳胶漆；②成品收纳柜

将过道墙面修整平整，并用石膏腻子将墙面找平，待其干燥后用砂纸打磨平整，然后用橡胶刮板再次刮腻子，接着涂1~3遍乳胶漆，并固定成品收纳柜。

主要材料及工艺

①护墙板；②成品收纳柜

过道墙面根据施工图上的尺寸，先在墙上画出水平标高，弹出分档线，加木橛或预先砌入木砖；之后安装木龙骨，再装钉护墙板，并固定成品收纳柜。

主要材料及工艺

①晶钻马赛克；②成品收纳柜

过道墙面用大理石粘贴剂将晶钻马赛克固定在墙面上，并用勾缝剂填缝；之后现场安装成品收纳柜。

主要材料及工艺

①护墙板；②铁艺挂钩

根据施工图上的尺寸，先在墙上画出水平标高，弹出分档线，加木橛或预先砌入木砖；之后安装木龙骨，再装钉护墙板，最后固定铁艺挂钩。

主要材料及工艺

①乳胶漆；②木工板造型；③木质搁架

将过道墙面修整平整，并用石膏腻子将墙面找平，待其干燥后用砂纸打磨平整，然后用橡胶刮板再次刮腻子，接着涂1~3遍绿色乳胶漆，之后安装木工板造型及木质搁架。

主要材料及工艺

①乳胶漆；②成品收纳柜

将过道墙面修整平整，并用石膏腻子将墙面找平，待其干燥后用砂纸打磨平整，然后用橡胶刮板再次刮腻子，接着涂1~3遍绿色乳胶漆，并固定成品收纳柜。

主要材料及工艺

①成品收纳柜；②壁纸

过道墙面用木工板做出凹凸造型，并固定成品装饰柜，其余墙面用环保白乳胶配合专业壁纸粉将壁纸粘贴在墙面上。

主要材料及工艺

①成品收纳柜

将过道墙面修整平整，之后现场安装成品收纳柜。

主要材料及工艺

①乳胶漆

过道墙面先用木工板做出凹凸造型，并涂刷乳胶漆，之后现场安装成品收纳酒架。

主要材料及工艺

①壁纸；②木质搁板

过道墙面用水泥砂浆找平，在墙面上满刮三遍腻子，用砂纸打磨光滑，刷一层基膜，用环保白乳胶配合专业壁纸粉将壁纸粘贴在墙面上，之后固定木质搁板。